Sebastian M. Reinold

Gewinnbringend Imkern

stv

Sebastian M. Reinold

Gewinnbringend Imkern

Mit Bienenhaltung Geld verdienen

Leopold Stocker Verlag
Graz – Stuttgart

Umschlaggestaltung:
DSR Werbeagentur Rypka GmbH, 8143 Dobl/Graz, www.rypka.at
Titelbild: Mona Lorenz, Gmunden

Bildnachweis: Imkerschule Warth/NÖ: S. 15, 23 o., 24, 41; Land Salzburg: S. 11; Mona Lorenz: S. 72; Rudolf Moosbeckhofer: S. 52; Wolfgang Oberrisser: S. 27; Josef Ulz: S. 46 o.
Alle übrigen Bilder wurden dem Verlag freundlicherweise vom Autor zur Verfügung gestellt.

Bibliografische Information der Deutschen Nationalbibliothek
Die Deutsche Nationalbibliothek verzeichnet diese Publikation in der Deutschen Nationalbibliografie; detaillierte bibliografische Daten sind im Internet unter http://dnb.d-nb.de abrufbar.

Hinweis: Dieses Buch wurde auf chlorfrei gebleichtem Papier gedruckt. Die zum Schutz vor Verschmutzung verwendete Einschweißfolie ist aus Polyethylen chlor- und schwefelfrei hergestellt. Diese umweltfreundliche Folie verhält sich grundwasserneutral, ist voll recyclingfähig und verbrennt in Müllverbrennungsanlagen völlig ungiftig.

Auf Wunsch senden wir Ihnen gerne kostenlos unser Verlagsverzeichnis zu:
Leopold Stocker Verlag GmbH
Hofgasse 5/Postfach 438
A-8011 Graz
Tel.: +43 (0)316/82 16 36
Fax: +43 (0)316/83 56 12
E-Mail: stocker-verlag@stocker-verlag.com
www.stocker-verlag.com

ISBN 978-3-7020-1676-0

Layout und Repro: DSR Werbeagentur Rypka GmbH, 8143 Dobl/Graz
Druck und Bindung: Christian Theiss GmbH, 9431 St. Stefan

INHALT

DANKSAGUNG DES AUTORS

Liebe Leserinnen und Leser,

vorweg darf ich mich direkt bei Ihnen bedanken, dass Sie sich dazu entschlossen haben, dieses Buch zu lesen. Es sollte Ihnen eine gute Grundlage für ein tieferes betriebswirtschaftliches Verständnis der Imkerei bieten. Das Buch ist von einem Praktiker für Praktiker geschrieben und verzichtet, wo möglich, auf alle wissenschaftlichen Details. Bereits an dieser Stelle möchte ich darauf hinweisen, dass sich sämtliche Bezeichnungen sowohl auf weibliche als auch auf männliche Leser gleichermaßen beziehen, der besseren Lesbarkeit wegen jedoch wurde meist auf eine Form zurückgegriffen.

Bereits vor rund 15 Jahren habe ich begonnen, damals noch als Begleitung meines Vaters, mich mit der Imkerei zu beschäftigen, und habe vieles in diesen Zeiten erlebt. Durch mein Studium an der Fachhochschule in Salzburg – Studiengang Betriebswirtschaft – und mein ausgeprägtes Interesse an der Land- und Forstwirtschaft, insbesondere der Imkerei, habe ich mich dazu entschlossen, mich intensiv mit dem Thema der Betriebswirtschaft in der Imkerei auseinanderzusetzen.

Die Ergebnisse aus dieser Beschäftigung liegen in diesem Werk nun auch Ihnen vor. Es werden die Grundlagen der Imkerei, welche im Zusammenhang mit Betriebswirtschaft stehen, aufgezeigt. Wir verschaffen uns einen kurzen Überblick über die steuerliche Lage der Imkerei in Österreich (einen Verweis auf das deutsche Steuersystem finden Sie dort ebenfalls) und konstruieren ein handliches Werkzeug, um eine Kostenrechnung abbilden zu können. Die Beschäftigung mit diesen Thematiken erlauben es jedem Imker, eine Planung für die Zukunft seiner Bienenzucht zu erstellen und so den langfristigen Erhalt seines Betriebes zu ermöglichen.

Als weiterer wichtiger Aspekt wurde noch als Alternative die Umstellung auf biologische Bienenhaltung angesprochen. Diese bietet in der aktuellen Lage eine interessante Entwicklung und entsprechende Ertragschancen.

In diesem Buch werden Ihnen auch eine Vielzahl von Praxistipps geboten, welche viele nützliche Ergänzungen aus der gelebten Imkerei beinhalten. Dort werden sowohl Themen der Bienenhaltung sowie der Verarbeitung und Vermarktung von Produkten bis hin zur Umsetzung der Betriebswirtschaft im eigenen Betrieb behandelt. Diese Anregungen erklären die einzelnen Themengebiete aus der Praxis und erleichtern eine Umsetzung für die Imker.

Ich wünsche allen Leserinnen und Lesern viel Freude mit diesem Werk.

In diesem Sinne wünsche ich viel Erfolg bei der Umsetzung,

Euer Sebastian M. Reinold

Falls Sie die von mir beschriebene Kostenrechnung als Datei herunterladen möchten, scannen Sie bitte den links abgebildeten QR-Code mit Ihrem Handy ein oder geben die folgende URL in Ihrem Browser ein:

http://www.stocker-verlag.com/imkern/Bienenkalulation.xlsx

Datenstand: 2017

VORWORT LANDESRAT SCHWAIGER

Liebe Leserin,
lieber Leser,

die Imkerei erfreut sich wachsender Beliebtheit. Alleine in Salzburg unterhält der Verein für Imkerei und Bienenzucht rund 80 Ortsgruppen mit 2.300 Mitgliedern, die 20.000 Bienenvölker in ganz Salzburg bewirtschaften. Immer mehr Menschen in ganz Österreich widmen sich mit Leidenschaft und Professionalität der Pflege und Zucht von Bienenvölkern sowie der Produktion von erstklassigem Honig und zahlreichen anderen Produkten. Diese Entwicklung ist nicht nur ein unschätzbar großer Beitrag zur Vielfalt der Landwirtschaft und der Biodiversität, sondern die Imkerei ist oft auch ein zusätzliches Standbein für landwirtschaftliche Betriebe in Zeiten schwieriger Marktbedingungen.

Das vorliegende Buch ist vor diesem Hintergrund ein wertvolles Standardwerk sowohl für Einsteiger als auch für erfahrene Imker. Die betriebswirtschaftliche Betrachtung der Imkerei zeigt, wo die Ertragspotenziale liegen und wie Arbeit, Kosten und Einnahmen optimiert werden können, um sich auch weiterhin mit Freude und vielleicht auch verringerten Kosten den Bienenvölkern widmen zu können. Imkerei kann so gleichzeitig Hobby, Beruf und Ertragsquelle sein.

Dem Autor möchte ich dafür danken, dass sein umfangreiches Expertenwissen zu Ertrags- und Kostenstrukturen in der Bienenhaltung in Form des vorliegenden Buches allen Imkerinnen und Imkern zugute kommt. Derzeit ist nur wenig Fachliteratur dazu am Markt und es freut mich, dass diese Lücke geschlossen wird.

Ich wünsche Ihnen eine interessante Lektüre sowie viel Freude und Erfolg mit der Imkerei.

Euer
Landesrat
DI Dr. Josef Schwaiger

BETRIEBSWIRTSCHAFT IN DER IMKEREI

ZIELE DER BETRIEBSWIRTSCHAFT

Das Ziel der Betriebswirtschaft ist immer das gleiche: **möglichst geringer Input** und **möglichst großer Output**. Generell können viele Faktoren Input und auch Output darstellen und sind von Gewerk zu Gewerk unterschiedlich. So sind bei der Bienenzucht Arbeitszeit, Geld, aber auch die Menge der Bienenvölker als Input zu sehen, wohingegen Honig, Wachs, Königinnen und noch vieles mehr den Output darstellen.

Betriebswirtschaftlich bedeutet es also, möglichst wenig Ressourcen einzusetzen, um eine große Menge an Honig, Wachs und vielem mehr zu produzieren.

Im Falle einer Imkerei stellt sich jedoch in erster Linie die Frage, ob jemand Freude an der Arbeit mit den Bienen hat oder nicht. Gleich vorweg soll gesagt werden, dass es zwar ohne die Leidenschaft dafür möglich ist, Gewinne zu erzielen und diese mit Hilfe der Kostenrechnung zu steigern, jedoch ein langfristiges Engagement nicht wahrscheinlich ist.

Ob sich diese Arbeit rentiert und ob damit ein Gewinn für den Haushalt anfällt, wird in Zeiten wie diesen immer wichtiger.

PRAXISTIPP! Geld verdienen mit Bienen?

Geld verdienen mit Bienen? Ja, das geht! Dafür benötigt es aber nicht nur Knowhow als Imker, sondern auch als Betriebswirt. Das dafür notwendige Wissen wird im Laufe des Buches vermittelt und ist sowohl der gelebten Praxis als auch dem aktuellen Stand der wissenschaftlichen Forschung entnommen. Alles zusammen liefert das Buch ein kompaktes Paket, um jedem Imker das nötige betriebswirtschaftliche Wissen zu vermitteln. Damit wird das Geldverdienen mit der Imkerei ein Kinderspiel.

Warum überhaupt Betriebswirtschaft in der Imkerei?

Neben der reinen Tätigkeit eines Bienenhalters ist es doch nett, wenn am Jahresende mehr Geld in der Kassa liegt als am Jahresanfang. Die wenigsten Imker werden auf Gewinne aus dem Verkauf verschiedener selbsterzeugter Produkte angewiesen sein, dennoch ist das Zubrot, welches man verdienen kann, nicht zu unterschätzen.

Früh übt sich: Viele Imker starten schon als Kinder in die Bienenhaltung.

Die meisten Imker sind sich über das Ausmaß der Verdienstmöglichkeiten gar nicht im Klaren und verkaufen ihren Honig bestenfalls mit einer schwarzen Null, oft jedoch auch unter den Selbstkosten (Kosten, welche für die Produktion des Produktes anfallen). Um nicht selbst dieses Problem zu erleiden, spielt die Betriebswirtschaft, auch in kleinen und kleinsten Einheiten, eine immer größere Rolle. Neben dem Hobby soll der bestmögliche Ertrag herauskommen. So kann eine betriebswirtschaftliche Planung den Ausbau der Völker und den langfristigen Erhalt, auch über Generationen hinweg, ermöglichen.

Als Halter von Bienen ist man immer auch Unternehmer. Gewerberechtlich wird unter Land- und Forstwirtschaft, unabhängig von der Betriebsgröße, die Hervorbringung und Gewinnung von pflanzlichen Erzeugnissen mit Hilfe der Naturkräfte, das Halten von Nutztieren zur Zucht, Mästung oder Gewinnung tierischer Erzeugnisse sowie Jagd und Fischerei verstanden. Da alle Imker Bienen zur Gewinnung von tierischen Erzeugnissen halten, sind sie per Definition des Gewerberechts Landwirte und somit Unternehmer. Als Kaufmann sollte man sich zwar auf sein Gefühl verlassen, jedoch dieses mit soliden Berechnungen und Strategien untermauern können. Genau dafür dient die Betriebswirtschaft und liefert einfache und für jeden praktikable Lösungen.

Im Falle einer Nebenerwerbsimkerei stellt sich also in erster Linie die Frage, ob sich diese Arbeit rentiert und ob damit ein Gewinn anfällt. Durch die relativ gute Abgrenzbarkeit der Kosten sowie der Erträge der Imkerei, auch innerhalb des landwirtschaftlichen Betriebes, spielen interne Leistungsverrechnungen eine sehr untergeordnete Rolle und bilden damit eine Ausnahme innerhalb der Kostenrechnung. Die erzeugten Produkte innerhalb der Imkerei werden nur zu einem sehr geringen Teil in anderen Bereichen weiterverwendet und in der Masse an Dritte über die verschiedenen Vertriebskanäle veräußert. Daher ist eine klare Kostenrechnung relativ einfach und auch für Praktiker möglich.

PRAXISTIPP! Analyse ist wichtig!

Für Imker, die die Bienenzucht nur als Hobby betreiben, ist der Ertrag aus der ganzen Arbeit zwar nett, aber nicht überlebensnotwendig. Anders sieht es im Bereich der Landwirtschaft bzw. in einem Nebenerwerb aus. Hier steht der Ertrag klar im Vordergrund. Um von Vornherein zu wissen, ob sich der Einstieg in die Imkerei lohnt, ist die Analyse sämtlicher betriebswirtschaftlicher Parameter ratsam. Damit kann überlegt herausgefunden werden, ob Geld verdient werden kann.

Verwendung in der Praxis

Aktuell ist die Betriebswirtschaft in den meisten Betrieben (über 80 %, siehe Grafik) bereits verankert. Die Breite der Anwendung ist jedoch sehr groß und reicht von einfachen Aufzeichnungen über die verkaufte Menge oder die geleistete Arbeit bis hin zu eigenen Controlling-Tools, mit denen man bis auf die fünfte Kommastelle genau den zu erwartenden Gewinn abschätzen kann.

Für die Masse der Imker wird eine gesunde Mischung interessant sein, welche doch über die reine Aufzeichnung (welche die Grundlage für alle Berechnungen bildet) hinausgeht und eine gute Planung für den Hausgebrauch ermöglicht. Das Handwerkszeug für solche Planungen und Berechnungen liefert dieses Buch, Schritt für Schritt erklärt.

Die gelebte Praxis wird jedoch sowohl für den großen Betrieb im Vollerwerb mit einigen Tausenden Völkern als auch für den Hobbyimker mit 15 Völkern so aussehen, dass die Kalkulation eine Arbeit ist, welche nicht ständig mitgeführt werden kann und auch nicht mitgeführt werden will. Aus betriebswirtschaftlicher Sicht ist das, je nach Situation, auch wenig sinnvoll. So braucht man nicht täglich an seiner Planrechnung schrauben und arbeiten, wenn es keine gravierenden Änderungen an der Ausgangssituation gibt. Aber auch die Produktkalkulation braucht nicht täglich bearbeitet zu werden. Wenn sich Änderungen in der erzeugten Honigmenge ergeben oder sich die Einkaufspreise für Honiggläser und sonstige Produkte ändern, dann wird dies mit einigen wenigen Klicks in die Kalkulation eingearbeitet und der

Frage: Für ein Projekt an der Fachhochschule hätte ich eine Frage: Verwendet ihr eine Art Kostenrechnung (Controlling, Preiskalkulation etc.), Buchhaltung oder einfache Aufzeichnungen über Erträge und Ausgaben? Oder spielt dies bei euch keine Rolle?

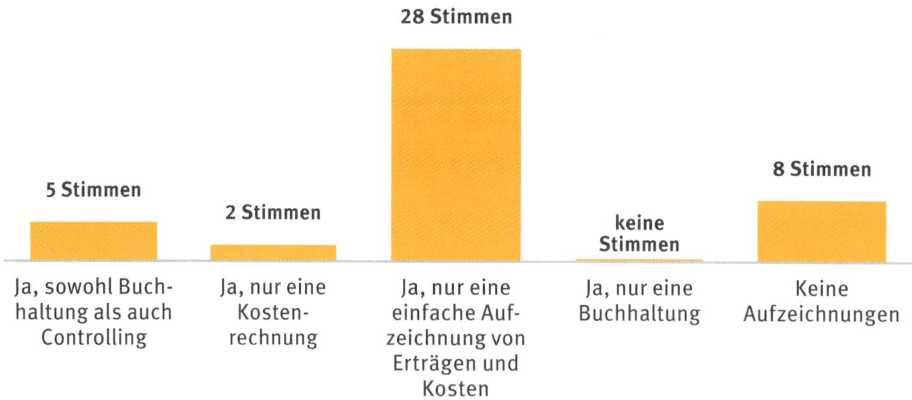

Viele Imker besitzen bereits einige Vorkehrungen für die betriebswirtschaftliche Praxis (Quelle: selbst erstellte Umfrage).

Winterstand

Imker weiß sofort, welche Auswirkungen dies auf seinen Betrieb hat. Daher werden alle hier vorgestellten Maßnahmen immer anlassbezogen sein und nur dann zum Einsatz kommen, wenn der Imker findet, dass jetzt der richtige Zeitpunkt dafür gekommen ist.

So wird die Planung der nächsten Jahre und die damit verbundene Einarbeitung der verschiedenen Parameter eine Arbeit sein, mit der sich der Imker in der Praxis eher im Winter beschäftigen wird. Zu dieser Zeit hat er Freiräume, welche durch diese Arbeiten genützt werden können, und die Planung an sich ändert sich nicht, ob diese im August oder im Jänner gemacht wird. Somit ist der Imker in der Lage, seine Arbeitszeiten besser über das Jahr zu verteilen, und die Täler (in denen weniger gearbeitet wird) werden gefüllt. Aber auch nach der Honigernte an sich kann die Kalkulation herangezogen werden, um zu sehen, welche Preise aktuell vertretbar sind und wo die eigenen Kosten und der Gewinn liegen. Damit kann der Imker auf die veränderte Mengensituation reagieren und den Preis für die Produkte entsprechend anpassen.

PRAXISTIPP! Planung ist das halbe Leben

Planung ist das halbe Leben. So ist die Planung für viele Teilnehmer am Betrieb wichtig. Der Imker kann daraus ablesen, wie der Aufwand zunimmt und welche Materialien benötigt werden. Der Steuerberater weiß, wie sich die Gewinne und damit die Steuerlast entwickeln werden, und die Kapitalgeber können sicher sein, dass ihr eingesetztes Geld auch zurückbezahlt werden kann.

Der eigene Betrieb

Jeder Imker ist, ob er will oder nicht, auch ein Unternehmer. Nach dem österreichischen Gesetz ist jeder, der Produkte aus der Haltung von Tieren erzeugt, ein Landwirt und ein Landwirt ist Unternehmer. Imker müssen also auch wie Unternehmer handeln – jedoch in den verschiedensten Ausprägungen und angepasst an den eigenen Betrieb.

PRAXISTIPP! Wer berät?

Beratung rund um die Gründung und Führung des Betriebs liefern die verschiedensten Land- und Forstwirtschaftskammern in Österreich. Hier können alle Themen rund um den eigenen Betrieb thematisiert werden (Besteuerung, Pauschalierung, Kammerumlage und vieles mehr).

Der eigene Bienenstand: Sowohl für die Bienen als auch für den Imker ein Zuhause.

Je nach Größe der Betriebe und der damit verbundenen Anzahl der Völker handeln die Imker unterschiedlich. Ein Imker mit nur einem Volk, welches am Balkon seiner Stadtwohnung steht und genauso viel Honig liefert, wie er selbst über das Jahr benötigt, wird keine Kalkulation und kein Marketing brauchen. Das genaue Gegenteil tritt allerdings ein, wenn ein Imker im Vollerwerb arbeitet und einige Tausend Kilogramm Honig pro Jahr produziert. Dieser wird und muss als Unternehmer auftreten, muss kalkulieren, wo er wie viel Geld verdient, und betreibt hoffentlich auch entsprechendes Marketing, um seine Produkte verkaufen zu können.

Der allergrößte Teil der Imker wird allerdings irgendwo zwischen diesen beiden Extremen liegen. Hier ist also auch von jedem Teil ein wenig einzubringen und ein guter Mittelweg zwischen Nutzen und Aufwand zu finden. Genau diesen Mittelweg sollte dieses Buch dem Imker in die Hand legen. Teile der Kostenrechnung können und werden den Imker interessieren, aber auch die Thematiken Steuern und Marketing sind relevant. So sollte sich jeder Imker – als Unternehmer – Gedanken darüber machen, welche Instrumente und Hilfsmittel er einsetzen möchte, um seinen Betrieb zu führen.

Als Imker wird man auch von den verschiedensten Bereichen und Personen als Unternehmer gesehen. Der Staat könnte anklopfen und Steuern auf die Betriebserträge verlangen, die Kunden möchten professionell informiert werden und nicht zu viel für die Ware bezahlen und wieder andere möchten mit dem Unternehmen Verträge abschließen, nach welchen Regeln auf welchen Grundstücken die Bienenstöcke aufstellt werden und welche Kosten dafür wann verrechnet werden. Um diesen Anforderungen gerecht werden zu können, ist es allerdings auch notwendig, in allen Bereichen ein entsprechendes Wissen zu haben. Ein Großteil der Literatur beschäftigt sich mit dem Thema der Produktion im Bereich der Imkerei, dies ist jedoch nur ein Teilgebiet des Unternehmertums. Der andere Teil ist die betriebswirtschaftliche Seite, welche mit diesem Buch dem Imker – in seiner Rolle als Unternehmer – an die Seite gestellt wird.

PRAXISTIPP! Eingehen einer Partnerschaft

Die Umsetzung dieser vielen Herausforderungen ist für viele Menschen nicht einfach. Alles unter einen Hut zu bringen, fällt oft schwer und hängt auch sehr vom Typ des Imkers ab. Manche lieben die Arbeit mit Zahlen, andere die mit Menschen und wieder andere schaffen es, alles abzudecken. Man sollte sich allerdings offen überlegen, ob man sich nicht einen Partner ins Boot holt, der die Komponenten abdecken kann, die einem selbst nicht liegen. So konzentriert sich jeder auf sein Fachgebiet und beide profitieren voneinander.

PRODUKTE AUS DEM BIENENVOLK

Das Bienenvolk ermöglicht es jedem Imker, eine Vielzahl an verschiedenen Produkten und daraus wieder verschiedene Varianten zu erzeugen. Die für den normalen Betrieb wichtigsten sollen hier kurz vorgestellt werden. Besonders auf die betriebswirtschaftlich relevanten Erzeugnisse (die Aspekte Kosten, Erlöse und Menge) und auf deren Arbeitsaufwand soll eingegangen werden.

Das Hauptaugenmerk liegt bei allen Produkten auf der ausgezeichneten Qualität. Nur durch diese kann sich der Honig der kleinen Imker gegenüber Importen aus fernen Ländern behaupten. Hygiene und der sorgsame Umgang mit allen Betriebsmitteln (inkl. dem Bienenvolk selbst) ist selbstverständlich, immerhin handelt es sich um ein Lebensmittel. Die Qualität der einzelnen Produkte kann, um alles amtlich festzuhalten, in verschiedenen Laboren (meistens bei den Imkerei-Landesverbänden) relativ preisgünstig analysiert werden. Bei erfolgreicher Qualitätskontrolle wird einem das Gütesiegel verliehen und man hat einen zusätzlichen Marketingpunkt geschaffen, der wiederum einen höheren Preis garantiert.

Da die Kosten der gesamten Imkerei für die einzelnen Produkte aus dem Bienenstock nicht zu 100 % aufteilbar sind, wird hier nur der Anteil angegeben, welcher direkt dem Produkt zugeordnet werden kann. Die verbleibenden Gemeinkosten werden in einem zweiten Schritt auf die gesamten Einnahmen verteilt. So können wir den gesamten Unternehmensgewinn berechnen und einschätzen.

PRAXISTIPP! Wo bekommt man Tipps?

Viele nützliche Tipps zur Weiterverarbeitung bzw. Veredelung der einzelnen Produkte findet man bereits online. Einschlägige Fachliteratur kann jedoch einen deutlichen Mehrwert für den Imker und damit einhergehend auch für die wirtschaftliche Lage des Betriebs liefern.

HONIG

In einer betriebswirtschaftlichen Planung ist als durchschnittlicher Honigertrag ein Mittelwert der vergangenen Jahre anzunehmen. Bei neu gegründeten Imkereien wird der Wert unter denen von erfahrenen Imkern liegen, da ähnlich der ansteigenden Lernkurve auch der Honigertrag steigen wird. Hier sind Naturereignisse, wie ein verregnetes Frühjahr oder ein zu warmer Winter, unberücksichtigt. Diese werden im Laufe der Jahre ohnedies in den Durchschnittswert miteinbezogen. Langjährige Imker berichten von bis zu 40 kg Honig pro Volk und mehr (im Extremfall sogar über 100 kg pro Volk).

Im westlichen Österreich und den angrenzenden Regionen wird eine solche Ausbeute jedoch kaum oder nur mit deutlichem Mehraufwand, möglich sein. Hier spielen unter anderem der länger andauernde Winter und das feuchtere Klima eine bedeutende Rolle. In diesen Gebieten liegt der durchschnittliche Honigertrag zwischen 15 und 25 kg pro Volk und Jahr. Da wir jedoch eine vorsichtige Kostenrechnung vornehmen und auch die Völker berücksichtigen, welche durch Neubildung noch keinen Ertrag liefern, verwenden wir 17,5 kg pro Volk. Der aktuelle Honigpreis schwankt in Österreich von EUR 5,- bis zu über EUR 25,- je Kilogramm und ist in den verschiedenen Regionen sehr unterschiedlich. Ein marktüblicher und für Konsumenten verträglicher Preis in Österreich liegt im Schnitt bei EUR 12,- je Kilogramm. Mit diesem Preis kann noch die gesamte Menge verkauft werden und dennoch ein optimaler Ertrag erwirtschaftet werden.

Der durchschnittliche Österreicher verbraucht im Jahr rund 1,2 kg Honig. Daraus kann man schließen, dass eine Erhöhung um ein paar Prozent nur geringe Auswirkungen auf die Gesamtbelastung der Konsumenten hat. Dennoch gibt es viele Verbraucher, die sehr preissensibel reagieren. Eine genaue Anpassung des Preises ist daher wichtig. So sollten sowohl die Kosten gedeckt als auch ein Gewinn beinhaltet sein, der sich allerdings im Rahmen bewegt.

PRAXISTIPP! Weltmarktpreis

Es gibt auch einen Weltmarktpreis für Honig (ähnlich wie für Rohöl etc.). Dieser ist jedoch nur bei sehr großen Mengen für den Imker relevant. Durch die meist regionale Vermarktung spielen hier die regionalen Preise eine entscheidende Rolle für die eigene Preisgestaltung. Ein Blick in die Regale der Supermärkte ist allerdings für alle Imker zu empfehlen (Achtung auf die Herkunftsangabe am Etikett).

Der Lohn der vielen Mühen: Der Honig fließt ins Glas und kann endlich verkauft werden.

Varianten (gerührter Cremehonig, Waldhonig, Blütenhonig, Sortenhonig etc.)

Neben dem „normalen" Honig gibt es auch sortenreine Honige, welche sofort nach Abblühen der einzelnen Pflanzen geerntet werden müssen. Damit ist der Geschmack von Sorte zu Sorte, je nach Hauptertragspflanze, sehr unterschiedlich. Der damit verbundene Arbeitsaufwand ist jedoch im Verhältnis zum Schleudern in einem oder zwei Durchgängen etwas höher. Es muss genau darauf geachtet werden, dass die entsprechende Trachtpflanze einen großen Teil der Erträge liefert, und dann zeitgerecht geerntet werden. Auch in der Honiglogistik muss diese klare Trennung der Sorten eingehalten werden, um nicht Sorten miteinander zu vermischen oder nicht mehr zu wissen, welcher Honigtopf von welcher Pflanze ist. Bei sortenreinem Honig liegt der Preis doch deutlich über dem „normalen" Blüten- oder Waldhonig und kann bis zu EUR 25,- betragen (abhängig von der Sorte).

PRAXISTIPP! Mit Bienen wandern

Die Produktion von Sortenhonig ist oftmals mit der Wanderung von Bienenvölkern hin zu den entsprechenden Trachtquellen verbunden. Dieser Parameter muss auch in der Kalkulation der Preise Niederschlag finden. Neben dem mehrmaligen Durchführen des Honigschleuderns ist ein eigener Anhänger für die Wanderung und einiges an Arbeitszeit und Treibstoff/Betriebskosten für die Beförderung der Völker notwendig. Damit kommen Kosten auf den Imker zu, welche über den Verkaufspreis abgegolten werden sollten. Sind die Kunden allerdings nicht bereit, diesen Mehrwert zu bezahlen, sollte auf die Produktion von Sortenhonig verzichtet werden.

Zusätzlich zu den Sortenhonigen gibt es auch noch andere Arten der Veredelung. Eine davon ist das Rühren des Honigs zu Cremehonig, bei dem er eine zähere

Kreative Produkte sind gefragt: Verwendung von Entdeckelungswachs für die Herstellung von Bärenfang.

Konsistenz erhält und das optische Erscheinungsbild sich ändert. Die Farbe ist nicht mehr klar, sondern wird trüb und glasig und etwas heller. Geschmacklich unterscheidet sich der Honig nach der Behandlung mit dem Rührgerät jedoch nicht vom normalen Honig. Viele Konsumenten schätzen die Eigenschaft, dass der Honig nicht mehr kristallisieren kann, was das Erscheinungsbild deutlich verbessert. Ebenfalls findet der Cremehonig großen Anklang, weil er nicht so leicht vom Brot läuft wie der unbehandelte flüssigere Honig. Gerade deshalb ist diese Variante in den letzten Jahren immer beliebter geworden und Kunden greifen gerne darauf zurück. Die damit verbundene Arbeit ist nicht sehr langwierig (ungefähr eine Woche lang jeden Tag 5 Minuten mit dem Rührgerät oder der Bohrmaschine mit Rühraufsatz gut durchrühren). Sobald die richtige Viskosität erreicht ist, einfach abfüllen und schon geht der Verkauf an den Kunden – mit einem zusätzlichen Produkt – los.

Ebenfalls aktuell im Trend liegt Wabenhonig. Hierbei handelt es sich um Honig, welcher noch in den Waben ist und so direkt verkauft wird, ohne ihn zu schleudern oder zu pressen. Die Kunden lieben dabei die Ursprünglichkeit des Produktes und das Kauen des Wachses. Die Herstellung ist relativ einfach und kann in zwei Varianten erfolgen. Für die Direktvermarktung und die Produktion kleinerer Mengen reicht es, wenn die verdeckelten Honigrähmchen herausgeschnitten werden und in kleinere Gefäße (Honiggläser, separate Plastikverpackungen oder auch die Plastikdose der Nachbarin) verpackt werden. Die professionellere Variante ist, speziell dafür vorgesehene Verpackungen in den Honigraum einzuhängen, in welche die Bienen die Waben bauen und den Honig einlagern. Nachdem diese verdeckelt sind, wird das Rähmchen herausgenommen und die Verpackung geschlossen. Es gibt hier Varianten mit einer großen oder mehreren kleineren Verpackungen, welche dann dementsprechend geteilt werden müssen. Da hierbei fast kein Mehraufwand in der Handhabung entsteht, ist es eine interessante Erweiterung und trifft den aktuellen Trend. Preislich liegen wir hier bei rund dem Doppelten des normalen Honigpreises (1 kg ab EUR 15,-), was somit ein schönes Zusatzeinkommen bedeutet. Hier muss jedoch auch erwähnt werden, dass zusätzlich zum Honig auch das Wachs verkauft wird. Somit erhöht man sein Verkaufsgewicht mit (im Verhältnis) günstigerem Wachs. Gesehen auf den Preis von Wachs (rund EUR 5,- pro kg) entspricht dies sogar einer Vervierfachung des Ertrags. Also eine gute Alternative, solange der Markt dafür besteht.

Die Herstellung von Kerzen kann ein guter Zuverdienst in den ruhigeren Wintermonaten sein.

PRAXISTIPP! Wabenhonig im Glas

Eine spezielle Form ist auch der Wabenhonig im Glas. Dabei bauen die Bienen direkt in Honiggläsern ihre Waben und lagern ihren Honig ein. Dafür wird in die gewünschten Gläser ein kleiner Wachsstreifen eingeklebt (mit flüssigem Wachs). Eine Holzplatte wird auf die Größe der Zarge zugeschnitten und entsprechend der Gläser Löcher gebohrt. Diese Platte wird in das Bienenvolk eingelegt (mit einer Leerzarge) und die Gläser aufgesetzt (Öffnung natürlich zum Volk). Dies dient dazu, dass das Volk nicht die gesamten Gläser einbaut, sondern nur im Glas Waben bildet. Sobald alles ausgebaut ist, werden die Gläser aus dem Volk herausgenommen und mit Honig aufgefüllt. Dieses Produkt wird äußerst selten angeboten und bietet eine Kombination aus Wabenhonig und normalem Honig. Entsprechend dem seltenen Angebot können auch noch entsprechend gute Preise erzielt werden. Diese Variante wird allerdings nur bei äußerst starken Völkern anwendbar sein, da ansonsten die Gläser nicht ausgebaut werden.

BIENEN

Die Haltung von Bienen erlaubt einem jedes Jahr, die Völkerzahl zu steigern, indem man Ableger bildet oder Schwärme von den Bäumen rettet.

Da jedoch nicht jeder Imker unendliche Kapazitäten für die Bienenhaltung hat oder dies auch nicht möchte, muss man sich ab einem gewissen Punkt festlegen, was mit den zusätzlichen Völkern geschehen soll.

Auf den ersten Blick erscheint es zwar nicht richtig, seine Betriebsmittel zu verkaufen. Das würde ja dem Prinzip entsprechen, dass ein Landwirt Geld braucht und Felder verkauft und später noch weniger Ertrag erzielt als ohnedies schon. Hier ist es jedoch so, dass der maximale Stand, den man sich persönlich gesetzt hat, erreicht sein soll und erst die Völker, die darüber hinausgehen, verkauft werden.

Somit ist das Betriebsmittel gesichert, eigene Ausfälle können noch bewältigt werden und dennoch erwirtschaftet man einen guten Ertrag daraus.

PRAXISTIPP! Haupterzeugnis Bienen

Es gibt auch Imker, die auf den Verkauf von Bienen und Königinnen spezialisiert sind. Hier bildet der Honig das Nebenprodukt und die Bienen an sich sind das Haupterzeugnis. Unter anderem gibt es bei einigen Großbetrieben (auch in Österreich vorhanden) Jahre, bei denen mehrere Tausend Völker verkauft werden. Je nach Preis können so deutliche Umsätze erwirtschaftet werden, ohne sich um die Gewinnung, die Verarbeitung und den Verkauf von Honig beschäftigen zu müssen. Die Entscheidung, auf welches Produkt man setzt, bleibt jedem Imker selbst überlassen und richtet sich nach seinen Kapazitäten und Vorstellungen.

Völker (Ableger, Völker im Frühjahr etc.)

Den meisten Ertrag bringt es, die Bienen im Frühjahr zu verkaufen, da hier die meis-

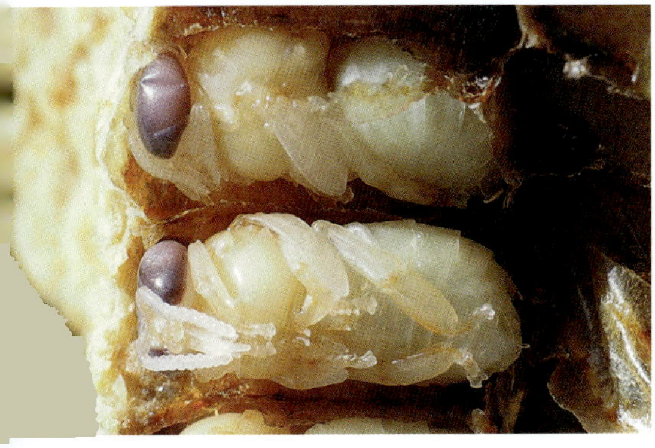

Eine gesunde Brut ist die Grundlage für ein gesundes Wirtschaftsvolk.

ten Imker, die durch die Winterverluste entstandenen Lücken ergänzen und neue Imker in die Bienenhaltung einsteigen wollen. Das Problem bei dieser Variante ist jedoch, dass man das Volk selbst über den Winter bringen muss und dafür die Varroabehandlung und die Fütterung im Spätsommer und Herbst durchführen muss, was wiederum Kosten und Aufwand erzeugt. Die Kosten für die Fütterung belaufen sich bei 12 kg Zucker, für das Futterwasser bei rund EUR 15,-. Die Varroabehandlung kostet pro Volk EUR 5,70 (mit ApiLife-Streifen und Bienenwohl) und ist damit nicht so teuer. Gesamt sind das also direkt zuordenbare Kosten in der Höhe von rund EUR 20,- pro Volk.

Einen geringeren Ertrag, jedoch auch weniger Kosten und vor allem weniger Risiko mit der Überwinterung bieten Ableger oder Schwärme, welche direkt im Sommer abgegeben werden, somit muss man diese nicht selbst überwintern. Durch die kurze Zeit, in der diese Völker beim Verkäufer verbleiben, ergibt sich der geringere Futterverbrauch von ca. 3 kg Zucker (Kosten ca. EUR 3,60) und die Kosten für die einmalige Varroabehandlung von EUR 2,50. Die Gesamtkosten liegen hier also bei rund EUR 6,- pro Volk, also einem Drittel der Kosten, die sonst bei der Überwinterung anfallen.

Je nachdem, wann die Völker zum Verkauf stehen, ergeben sich auch verschiedene Preise. Bei Völkern im Frühjahr sind die Kosten für die Überwinterung (Fütterung, Varroabehandlung und das Ausfallsrisiko) sowie der Honigentfall für das kommende Jahr zu berücksichtigen. Die Preise liegen hier im Westen Österreichs bei EUR 100,- bis 125,- pro Volk. Durch die geringeren Kosten von Ablegern (eine erste Fütterung und die Grundbehandlung für Varroa muss auch hier bereits durchgeführt werden) ergibt sich auch ein geringerer Preis, auch im Hinblick auf die geringere Nachfrage am Markt. Preislich werden Ableger, wiederum in der Grenzregion Bayern/Österreich, mit rund EUR 75,- bis zu 100,- pro Volk gehandelt. Hierbei kommt es jedoch wieder auf die Stärke des Volkes an, wenn eine Reinzucht-Königin auf 11 Waben sitzt, ist der Preis natürlich höher als bei einem Volk auf 5 Waben mit einer selbstgezogenen Königin.

Bienenschwärme sind eine kostenlose Möglichkeit, die eigene Volkzahl zu erhöhen.

PRAXISTIPP! Kapitalbeschaffung

Um für diverse Großprojekte Kapital zu beschaffen, ist der Verkauf von Bienenvölkern eine Möglichkeit, um viel Geld zu erwirtschaften. Es sollte jedoch darauf geachtet werden, dass damit auch die Einkünfte in den folgenden Jahren verringert werden. Daher ist die Beschaffung von Kapital auf anderen Wegen (sofern dies möglich ist) oft die bessere Variante. Um jedoch an das benötigte Kapital von Dritten zu kommen, wird meistens eine Kalkulation und eine Prognose für die kommenden Jahre verlangt. Genau diese zu erstellen, ist mit Hilfe der folgenden Seiten ein Kinderspiel.

Zuchtrahmen mit Weiselnäpfchen: Königinnenzucht ist sowohl aus betrieblicher, als auch aus wirtschaftlicher Sicht interessant.

Königinnen

Die Zucht von Königinnen ist mit einem besonderen Geschick der Züchter verbunden und muss, wie jede Tätigkeit in der Imkerei, mit größtmöglicher Sorgfalt erfolgen. Neben der Standbegattung vor Ort gibt es noch verschiedene Varianten, wie die künstliche Besamung oder die Begattung an ausgewählten Zuchtorten, um damit Reinzucht-Königinnen zu erzeugen. Durch die große Menge, welche pro Jahr erzeugt werden kann, ist ein guter Zusatzertrag so lange gegeben, wie die Qualität stimmt, da nur so genügend Abnehmer gefunden werden. Wenn sich ein Abnehmer findet und man gute, wenn nicht beste, Qualität liefert, sind pro Königin zwischen EUR 15,- und 40,- erreichbar, je nach Begattung und Qualität des Ausgangsmaterials. Die Kosten für die Zucht von Königinnen fallen relativ gering aus, da nur wenige Materialien benötigt werden und belaufen sich, auf die einzelne Königin gerechnet, bei rund 1,- Euro (bei Standbegattung). Hierbei ist jedoch weder Literatur noch ein Kurs (welcher dringend zu empfehlen ist, wenn man es professionell machen möchte) inkludiert, welche doch ein stattliches Budget verlangen.

Generell ist die Königinnen-Zucht jedoch nichts für den einfachen Imker, der Bienen nur wegen des Honigs halten möchte und ein paar Völker hat. Der Aufwand und das Wissen, welches benötigt wird, rentieren sich erst ab einer etwas höheren Völkerzahl von über 15 Völkern. In den meisten Fällen reicht es für den Wald- und Wiesenimker aus, die Königinnen standbegatten zu lassen. Viele Imker fordern jedoch bereits eine entsprechende Qualität der Zucht (Belegstellen oder künstliche Besamung). Dieser Aufwand lohnt sich dann auch finanziell, da dadurch bessere Preise erzielt werden und die Vermarktung erleichtert wird. Besonders bei speziellen Bienenrassen ist dies wichtiger als bei den großflächig verbreiteten (Carnica, Buckfast etc.).

WACHS

Bei Wachs scheiden sich die Geister. Die einen lieben das selbsterzeugte gelbe Gold, die anderen hassen die Verarbeitung und wollen es nur loswerden und möglichst wenig damit zu tun haben. Der Grund für diese Abneigung liegt darin, dass die Eigenschaften von Wachs (klebrig und schwierig zu säubern) die Arbeit damit nicht einfach gestaltet. Andererseits ist es ein tolles und 100 % natürliches Material, weswegen im Mittelalter sogar Bienen gehalten wurden und nicht wegen des Honigs. Besonders beim Wachs steht neben dem Verkauf auch die Selbstverwendung eine interessante Option dar, weshalb diese hier gesondert behandelt wird.

Jedes Bienenvolk produziert im Schnitt 2 kg Wachs pro Jahr. Diesen Bautrieb sollte der Mensch fördern und ältere, bereits stark verunreinigte, kaputte und dunkle Waben ausscheiden. Diese ausgeschiedenen Waben können über verschiedene Verfahren (Sonnenwachsschmelzer bei kleinen Mengen, Dampfschmelzer bei größeren) eingeschmolzen werden und so das wertvolle Wachs daraus gewonnen werden. Diese Wachsblöcke werden dann von den Rückständen gereinigt und wieder eingeschmolzen. Das geschieht so lange, bis das Wachs sauber und rein ist. Anschließend kann es verkauft oder weiterverarbeitet werden.

Verkauf als Rohwachs

Soll ein Verkauf dieser Wachsblöcke angedacht werden, ist der erste Ansprechpartner dafür der Landesverband im jeweiligen Bundesland. In Salzburg gibt es zum Beispiel die Möglichkeit, das Wachs zu verkaufen, es gegen Mittelwände zu tauschen (Verhältnis Wachs zu Mittelwabe ist 2 : 1) oder das eigene Wachs gegen eine Gebühr umarbeiten zu lassen.

Der Verkaufspreis schwankt immer ein wenig und wird nach Tagespreisen errechnet. Dabei spielt auch die Qualität, ob Rückstände vorhanden sind und das Wachs rein

Drei Arten von Wachs (v.l.n.r.): alte Brutwabe, Wildbau, frisch eingelötete Mittelwand

ist, eine große Rolle. Je sauberer und weniger Rückstände, desto besser der Preis. Generell ist er jedoch im Durchschnitt mit rund EUR 5,- pro kg (für mittlere Qualität) nicht sehr hoch, weshalb ein Eintausch oder das Umarbeiten in Mittelwände die deutlich interessantere Variante ist, da diese ohnedies benötigt werden.

Eigenbedarf

Gerade in den letzten Jahren ist die Idee des eigenen Wachskreislaufes immer mehr in das Interesse der Imker gerückt. Skandale rund um die Verunreinigung von Wachs und der damit einhergehenden Übertragung von Krankheiten verunsichern viele, weshalb die Verwendung der eigenen Erzeugnisse auf der Hand liegt. Der dadurch ausbleibende Gewinn ist jedoch in der Kalkulation zu berücksichtigen, er wird sich allerdings annähernd die Waage mit dem dafür nicht mehr notwendigen Aufwand für die Wachsbeschaffung halten.

Natürlich kann man das Wachs auch selbst weiterverarbeiten und in den verschiedensten Produkten verwenden. Dazu zählt – für die Imker am interessantesten – die Umarbeitung in Mittelwände. Dafür wird eine Form benötigt, welche gekühlt wird und von oben und unten das Muster der Mittelwände einprägt. Die Anschaffung solcher Geräte ist sehr kostspielig und rentiert sich erst ab großen Mengen, welche umgearbeitet werden müssen. Im Vergleich dazu kostet das Umarbeiten eines Kilogramms beim Salzburger Imkerverband im Jahr 2016 weniger als EUR 4,-.

Die Verwendung als Kerzen ist heute, wie bereits im Mittelalter, immer noch eine der attraktivsten Möglichkeiten, das Wachs zu verwenden. Mit dem Gießen von schönen Kerzen, welche den Duft von frischem Bienenwachs im ganzen Raum verströmen, ohne dabei schädliche Stoffe auszustoßen, kann das Sortiment erweitert werden oder der Eigenbedarf gedeckt werden. Ganz besonders schön und gefragt sind in den letzten Jahren Kerzen für den Christbaum, welche sich leicht fertigen lassen und das Gefühl von Tradition am Weihnachtsbaum versprühen. Der aktuelle Trend geht jedoch deutlich weg von Kerzen, welche nur zum Anschauen gedacht sind, und immer mehr zu schlichteren Varianten. Die Kosten für Formen sind wieder sehr unterschiedlich und beziehen sich auf die Größe und die Feinheit der Kerze. Da hier so viele Parameter eine Rolle spielen, kann kein genauer Ertrag genannt werden. Als Richtwert jedoch ist das Beispiel von vorhin, die Christbaumkerze, zu nennen, bei der 20 Stk. im Verkauf EUR 17,- kosten.

PRAXISTIPP! Bienenwachskerzen

Besonders zur Weihnachtszeit sind Kerzen aus Bienenwachs gefragt. Auf diversen Advent- und Christkindlmärkten werden diese in großen Stückzahlen zum Verkauf angeboten. So kosten Kerzen aus gedrehten Mittelwänden (halbiertes Einheitsmaß) bis zu EUR 10,- pro Stück. Bei einem Materialaufwand von weniger als EUR 1,- ist die Gewinnspanne deutlich vorhanden. Kunden sind also auch bereit, hohe Preise für qualitativ hochwertige Produkte zu bezahlen, obwohl wenig Aufwand (finanziell und manuell) mit ihnen verbunden ist.

Kerzen aus Bienenwachs sind eine gute Alternative für die Wachsverwendung. Damit kann der Imker selbst die Wertschöpfung in seinem Betrieb halten.

BIENENPATENSCHAFTEN

In letzter Zeit werden die Stimmen in Bezug auf das Bienensterben und den Rückgang der Imker und deren Bienenvölker immer lauter. Menschen interessieren sich zunehmend für das Thema Imkerei. Und die Imker können, neben der gestiegenen Nachfrage nach den verschiedensten Produkten, auch die Bienen selbst vermarkten. Eine Möglichkeit, dies umzusetzen, ist eine so genannte Bienenpatenschaft. Dabei übernimmt eine Person die Patenschaft für ein ganzes Volk und unterstützt den Imker.

Bienenpatenschaften sind eine gute Alternative, um als Imker direkte Unterstützung aus der Bevölkerung bzw. von Kunden zu erhalten. Diese Unterstützung kann sehr viele verschiedene Aspekte beinhalten. So ist es möglich, dass der Pate dem Imker nur monetäre Hilfe leistet, aber es kann auch sein, dass dieser aktiv in der Imkerei mitarbeitet und diverse Tätigkeiten übernimmt. Die Ausgestaltung eines solchen Patensystems kann von Betrieb zu Betrieb also stark variieren. Wenn man für die Wachstumsphase Kapitalgeber braucht, um die Erweiterung bezahlen zu können, ist eine einmalige Zahlung der Paten interessant. Wenn man jedoch Unterstützung bei diversen Arbeiten benötigt (Honigernte,

Verarbeitung etc.) kann die Einbindung des Paten durchaus interessanter sein als der rein finanzielle Aspekt.

Durch die Einführung eines solchen Systems ergeben sich für den Imker und seinen Betrieb verschiedenste Möglichkeiten. Neben den finanziellen Zuwendungen sind es oftmals die „weichen Komponenten“, die einen Mehrwert für den Imker darstellen. So ist etwa das Marketing, das über die Paten verbreitet wird, ein nicht zu unterschätzender Wert. Paten erzählen gerne davon, dass sie etwas geleistet haben. Nur die wenigsten Personen sind derart veranlagt, dass sie Gutes tun und niemandem davon erzählen. Wenn sie dann noch als Entlohnung für die angefallenen Kosten und Leistungen 2 kg oder mehr Honig pro Jahr und vielleicht einige andere selbstgemachte Produkte erhalten, ist die Freude damit noch viel größer und sie prahlen mit den verschiedenen Erzeugnissen von „ihren“ Bienen. Hier geht es weniger um den Gesamtwert der Rückvergütung als mehr um die Symbolik. Ein kleines „Geschenk“ kann daher schon große Wirkung erzielen.

Durch verschiedenfarbige Beuten weiß jeder Pate gleich, welches Volk ihm „gehört“.

PRAXISTIPP! Kleine Aufmerksamkeiten

Paten (aber auch Kunden) freuen sich, wenn Sie zu verschiedenen Gelegenheiten eine kleine Aufmerksamkeit erhalten. Diese bereiten Freude und bringen die verschiedenen, selbst hergestellten Produkte näher. Durch diese Form des Marketings wird der Kunde also gleich in zwei Bereichen angesprochen. Kleine Gesten bringen hier oft die größte Wirkung zu Tage. Probieren Sie es einfach selbst aus!

Generell muss man bei der Einrichtung eines solchen Patenwesens verschiedene Dinge beachten. Warum möchte man Paten gewinnen? Ist es nur als finanzieller Anreiz gedacht oder ist man auf die Hilfe anderer angewiesen bzw. möchte man Menschen einfach die Imkerei näherbringen? Hat man diese Entscheidung einmal getroffen, ist der weitere Weg nicht mehr allzu schwer. So versucht man dann, angepasst an die Bedürfnisse des Imkers, ein Angebot für die zukünftigen Kunden (Paten sind im Endeffekt Kunden, die das Produkt Biene erwerben und dem Imker wieder zur Verfügung stellen) zu entwickeln.

Im Allgemeinen besteht das Angebot aus einer Zahlung, die der Pate leisten muss, und einer Gegenleistung, die der Imker anbietet. Diese Gegenleistung kann von einem Namensschild des Paten über die Aufstellung des Volkes in seinem Garten bis hin zur festgelegten Zahlung in Naturalien reichen. Die Patenschaft ist, wenn sie mit einer materiellen Zahlung des Imkers an den Paten angelegt ist, meist auf eine gewisse Dauer begrenzt. Dies ist notwendig, da ansonsten der Imker sein Leben lang Honig abliefert für die Zahlung eines im Verhältnis dazu kleinen einmaligen Betrages.

Besonders die Methode mit dem Namensschild kommt bei vielen Kunden gut an. Jeder weiß genau, dass man etwas Gutes geleistet hat, und neue Interessenten werden geweckt, wenn sie die Beuten am Wegesrand sehen. Verbindet man die Übergabe der Patenschaft noch mit einer Einführung in die Imkerei, wie zum Beispiel einer Begutachtung des Volkes, dem Heraussuchen der Königin oder der gemeinsamen Honigernte, bekommt der Kunde auch ein Erlebnis mit auf den Weg. Menschen können sich wesentlich besser solche erlebten Dinge merken und verarbeiten, als wenn man eine Urkunde über die Patenschaft übergibt und den Honig abliefert.

Der Absatzweg über diese Patenschaften ist also von eigentlich drei Richtungen aus gegeben: So kauft der Pate das erste Mal die Bienen bzw. die damit verbundene Patenschaft. Er probiert die verschiedenen Produkte, die der Imker produziert, und wird hoffentlich mehr davon benötigen, als er durch die Patenschaft erhält. So kauft er somit wieder beim Imker ein, da er den Honig von „seinen" Bienen möchte. Durch die Paten wird ein Netzwerk erworben, welches der Imker im dritten Schritt nutzen kann. So werden die Produkte bereits durch die Erzählungen des Paten bekannt sein und viele möchten gerne die gleichen Erzeugnisse probieren. Ein wichtiger Punkt hierbei ist jedoch, dass diese Kunden (sowohl der Pate, als auch seine Freunde und Bekannte) meistens bereit sind, auch einen teureren Preis für die Ware hinzunehmen.

Ein fleißiges Bienchen beim Nektarsammeln

Die Preise für eine Bienenpatenschaft variieren oft sehr stark und liegen im Großen und Ganzen zwischen EUR 50,- und EUR 200,- (abhängig von der Ausgestaltung). Die Praxis hat jedoch zwei konkrete Formen für die Imkerei herausgebildet, welche am häufigsten Verwendung finden. So ist das Modell mit einer Laufzeit von x Jahren und einer Lieferung von 2–4 kg Honig pro Jahr und Patenschaft im Schnitt für EUR 100,- sehr beliebt und wird bereits von einigen Imkern angeboten. Vorteil hierbei ist, dass man einen fixen Abnehmer für den Honig hat, welcher (bei richtiger Laufzeitenwahl) sogar mit einem besseren Deckungsbeitrag verkauft werden kann als ohne Patenschaft. Das zweite Modell ist die intensive Betreuung des Paten und des Bienenvolkes. Hier liegt der

Preis meist am oberen Ende der Richtwerte (von EUR 150,- aufwärts). Dabei hat jedoch der Imker neben der Honiglieferung auch noch einiges in Arbeit mit dem Paten zu investieren. Ebenfalls „riskiert“ man (aus betriebswirtschaftlicher Sicht), dass der Pate selbst zum Imker wird und nicht mehr als Kunde zur Verfügung steht.

PRAXISTIPP! Vergleichen Sie Preise

Vergleichen Sie die Preise im Internet. Viele Imker haben bereits eine eigene Website oder sind auf Facebook und Co. vertreten. Dort findet man in der Regel auch die Preise für die diversen Angebote (auch für Patenschaften). So kann man selbst herausfinden, welche Summen in der eigenen Region üblich sind und ob überhaupt jemand Bienenpatenschaften anbietet.

Die Ertragsstruktur einer Imkerei lässt sich mit Hilfe eines solchen Systems deutlich verbessern, zudem meist wenig Aufwand (vor allem finanziell) eingesetzt werden muss. Besonders in der Startphase einer Imkerei bzw. in Phasen, in denen starkes Wachstum gewünscht ist, kann eine Finanzierung dieser Expansion über das Patensystem sinnvoll sein und weniger finanzielle Ressourcen des Imkers binden. Die Kosten, die damit verbunden sind, halten sich im Verhältnis dazu in Grenzen. Neben der Werbung, um neue Paten zu gewinnen, benötigt man noch Schilder mit den Namen der Paten, die der Imker aber auch selbst herstellen kann, und die entsprechenden Mengen an Honig und verschiedensten Produkten (je nach Ausgestaltung) fallen für den freien Verkauf weg.

PRAXISTIPP! Ertragsstruktur-Veränderung

Laut der weiter unten angeführten Kalkulation kann man einen Ertrag von bis zu EUR 250,- pro Volk mit dem Verkauf diverser Produkte erzielen. Setzt man dazu die Erträge aus der Bienenpatenschaft, stellen diese eine attraktive Ergänzung da. Die gesamte Ertragsstruktur verändert sich nachhaltig. Beachten Sie allerdings, dass diese Erträge entsprechend der Vereinbarung auf die Laufzeit verteilt werden müssen.

Als eine generelle Überlegung sollte jedoch auch einbezogen werden, dass mit der Öffnung eines Betriebes auch Regeln eingeführt werden müssen. So kommen sicher die Bienenpaten von Zeit zu Zeit vorbei und beobachten ihr Volk. Unter Umständen kann dies allerdings für die tägliche Arbeit hinderlich sein, da man z. B. Honig ernten möchte, dabei Tausende Bienen herumfliegen und eventuell die Zaungäste stechen. Ein solches Souvenir freut die wenigsten Besucher. Eine Ausschilderung des gesamten Areals mit Haftungsausschlüssen etc. ist hier also ratsam. Ebenfalls kann es aber auch sein, dass man als Imker lieber abge-

PRAXISTIPP! Öffnungszeiten festlegen

Warum nicht einfach Öffnungszeiten festlegen? Wie in jedem Geschäft oder Museum können auch Sie Öffnungszeiten für Ihren Bienenstand festlegen. Interessierte Paten werden sich daran halten und Sie als Imker können selbst entscheiden, wann Sie Ruhe haben möchten und wann es Ihnen egal ist, dass Besucher am Stand sind.

schieden arbeitet und seine Ruhe haben will. In so einem Fall sollte man sich die Einführung von Patenschaften nochmals gut überlegen. Eine Alternative kann auch sein, dass man einen Standort für alle Paten und einen Standort für den „normalen" Imkereibetrieb schafft.

VERMARKTUNGS-MÖGLICHKEITEN

DIREKTVERMARKTUNG

Der einfachste Weg, seinen Honig an den Mann oder die Frau zu bringen, ist immer noch die altbewährte Direktvermarktung. Ein Verkauf des Honigs und der anderen Bienenprodukte funktioniert jedoch nur in kleineren Mengen, mit der Ausnahme, man hat ein großes Netzwerk und kann dadurch auch entsprechende Mengen absetzen.

Gerade am Anfang einer Imkerei, bei einem Einstieg mit ein bis fünf Völkern, ist diese Variante die wohl vielversprechendste. Die Mengen in diesem Stadium sind überschaubar, die Menge ist gut zu handhaben und die Lagerung kann bereits in verkaufsfähigen Einheiten erfolgen (direkt ins Glas abgefüllt). Durch den lokalen Bezug der Käufer zum Imker kann der größte Vorteil in der Vermarktung (auch als Preisargument) gesehen werden. Die Kunden sind oft gerne bereit, ein paar Euro mehr zu bezahlen, wenn Sie genau wissen, wo das Produkt erzeugt worden ist, und freuen sich auch über jede einzelne Biene auf ihren Blumen im Garten.

Zu Beginn einer Karriere als Imker ist es oft einfach, die Nachbarn mit einem Glas Honig zu beschenken und damit Anreize zu schaffen, dass diese dann gerne auf das Angebot zurückkommen und selbst zu Stammkunden werden. Über solche Stammkunden aus der Nachbarschaft kann eine Vielzahl der Produkte verkauft werden. Eine persönliche Beratung der Kunden steht hier im Vordergrund. Man kann den Käufern genau erklären, warum dieser Honig interessant für Sie ist, eine Führung am Bienenstand anbieten und somit einen Kontaktpunkt setzen, der jedem gerne in Erinnerung bleibt.

Der zu erreichende Preis ist in den verschiedenen Regionen sehr unterschiedlich und ist, wie alles in der Wirtschaft, von Angebot und Nachfrage getrieben. Es kann jedoch auch vorkommen, dass der Preis, der über die Direktvermarktung erreicht werden kann, in einzelnen Regionen sehr niedrig sein kann (Beispiel Ostdeutschland mit Preisen unter EUR 5,- pro kg Honig). Durch die Einführung eines Preises der über dem Durchschnitt liegt, kann der geschäftstüchtige Bienenhalter allerdings einen optischen Reiz für den Kunden hervorrufen. Dieser signalisiert den Konsumenten höhere und besondere Qualität und macht das Produkt oft noch interessanter, als wenn er es fast verschenkt. Die Imker in der Umgebung werden es übrigens gerne sehen und ihre eigenen Preise ebenfalls nach oben hin anpassen. Es ist jedoch deutlich zu betonen, dass ab einem gewissen Preisniveau auch der Konsum zurückgehen wird. Sprich, wenn der Preis zu hoch ist, wird die verkaufte Menge darunter leiden. Daraus ergibt sich ein schwieriger Balanceakt, der nur mit Erfahrung und Geschick beherrscht werden kann. Für Neuimker, die noch keine Erfahrung haben, empfiehlt es sich daher, sich an den eigenen Kosten zu orientieren und die Preise an den Markt anzupassen.

PRAXISTIPP! Hören Sie zu!

Hören Sie zu! Kunden berichten Ihnen, gerade im Direktvertrieb, enorm viel. Wenn Sie das Gesagte gut aufbereiten, können Sie als Imker und Unternehmer oftmals davon profitieren. So werden Kunden darüber berichten, was Honig bei den bisherigen Verkäufern gekostet hat und warum sie jetzt bei Ihnen kaufen. Diese Informationen können Sie nutzen, um zu entscheiden, ob die Preise gerechtfertigt sind und wie man neue Kunden ansprechen kann. Zuhören lohnt sich also.

Honig nach der Abfüllung – jetzt fehlen nur noch die Etiketten und dann kann der Verkauf starten.

Auf der Kostenseite schlagen bei dieser Variante keine zusätzlichen Ausgaben zu Buche, da keine eigenen Anschaffungen dazu genötigt werden müssen. Dadurch ergibt sich eine gute Ausgangslage für einen, gewinnbringende Bewirtschaftung und Betriebsführung.

In unserem Rechenbeispiel wird ein Verkaufspreis von EUR 12,- für ein Kilogramm Honig (Wald- oder Blütenhonig, nicht sortenrein) herangezogen. Dieser Preis spiegelt das aktuelle Niveau für den Direktverkaufspreis im westlichen Österreich (Jahr 2016) wieder und dient als Referenzwert.

VERMARKTUNG AUF MÄRKTEN

Neben der Vermarktung über den Gartenzaun hinweg ist für größere Mengen die Vermarktung auf lokalen Märkten eine weitere Möglichkeit, um seine Erzeugnisse anzubieten. Hierbei gilt es jedoch, von Vornherein zu unterscheiden, ob es ein sich in kurzen Abständen wiederholender Markt (Wochenmarkt etc.) oder ein einmaliges Event sein soll. Je größer die Menge ist, die verkauft werden soll, desto mehr Kunden werden benötigt, was wiederum bedeutet, dass ich mich als Imker öfter der Kundschaft präsentieren muss.

Für mittlere Mengen, welche nicht mehr zu 100 % über die Direktvermarktung vertrieben werden können, bieten einmalige

Veranstaltungen, wie Kirchweih, Gassenfeste, Christkindlmärkte oder Ähnliches einen passenden Raum. Dort können, manchmal kostenfrei, manchmal gegen eine Gebühr, Standplätze oder ganze Marktstände gemietet werden. Gerade über solche Veranstaltungen kann man sich in der Region einen Namen machen und bekannter werden. Viele Imker nehmen dazu einiges an Ausstellungsmaterial, manche sogar ein Volk in einem Schaukasten mit auf den Marktstand, um so noch mehr Besucher anzuziehen.

PRAXISTIPP! Mit den Bienen ins Museum

Mit den Bienen ins Museum: Bei den verschiedensten Museen gibt es die Möglichkeit, die Tätigkeit des Imkers zu präsentieren. So sind unter anderem viele Freilichtmuseen daran interessiert, Aussteller zu gewinnen. Auch wenn Sie vom Museum selbst kein Geld für Ihre Tätigkeit bekommen, wird Ihr Betrieb einem großen Publikum nahegebracht. Fragen Sie einfach einmal an!

Bei größeren Mengen an Honig, Propolis etc. kann über Wochenmärkte das Produkt angeboten werden. Nachteil hierbei ist jedoch, dass fast immer eine Gebühr zu bezahlen ist, man meist einen Standplatz am Rand bekommt und sich in die Mitte vorarbeiten muss. Außerdem sollte man jede Woche Zeit haben. Wenn man selbst keine Zeit dazu hat, muss hierfür noch Ersatz gestellt werden. Am besten und kostengünstigsten geht das innerhalb der Familie, alternativ dazu kann eine fixe Arbeitskraft angestellt werden (Beachten Sie hier die Anmeldung bei Sozialversicherung etc. selbst bei einem sehr bescheidenen Gehalt).

Preislich liegen wir beim Verkauf auf Märkten ähnlich wie in der direkten Vermarktung. Wenn man jedoch spezielle Produkte zur Saison anbietet (Bsp. Honig, verfeinert mit weihnachtlichen Gewürzen für Lebkuchen, auf Christkindlmärkten etc.) können sogar Preissteigerungen möglich sein. Auf der Seite der Kosten schlagen sich jedoch die Gebühren für die Stände nieder, welche nicht zu unterschätzen sind.

VERMARKTUNG ÜBER DRITTE

Eine interessante Alternative neben der eigenen Vermarktung ist, seine Produkte über Betriebe und Geschäfte verkaufen zu lassen. Bei dieser Variante des Vertriebs kann wieder in zwei Bereiche unterschieden werden:

Vertrieb über lokale Geschäfte

Lokale Geschäfte freuen sich oft, wenn sie Spezialitäten aus der Region ins Sortiment aufnehmen können. Besonderes Augenmerk wird hier jedoch auf Qualität und Besonderheiten des Produktes gelegt. Nur so ist es möglich, sich in einem Wettbewerb von der Masse abzuheben und das Rennen um den Platz im Regal zu machen.

Ein Verkauf der Produkte ist hier durchaus schon auch für kleinere Mengen pro Geschäft möglich, eine ganzjährige Belieferung setzen jedoch die meisten Kunden voraus (abgesehen bei Saisonprodukten, wie bspw. weihnachtliche Verpackung etc.).

Für die Einführung des Produktes in das Sortiment des Händlers (oder eines

Honigregal im Supermarkt: Eine breite Palette an verschiedenen Sorten, doch nur die wenigsten kommen aus der Region.

Marktsteher) ist wieder die persönliche Ansprache wichtig. Genauso, wie man den Endkunden bei der Direktvermarktung überzeugen muss, so muss man auch den Zwischenhändler von der Qualität und der Einzigartigkeit des Produktes überzeugen. Eine Einladung zum Bienenstand und eine kleine Einführung über die Völker überzeugen die meisten.

Für den Vertrieb ihrer Produkte verlangt der Kaufmann jedoch auch seinen Anteil, was sich in der Regel im Verkaufspreis widerspiegelt. Hier ist mit Abschlägen zu rechnen, welche der Händler als Gewinnspanne benötigt. Dieser Abschlag kann bis zu 50 % (manchmal auch mehr) vom Preis in der Direktvermarktung betragen.

Eine andere, deutlich seltenere Option ist, dass das Produkt für den gleichen Preis wie in der Direktvermarktung an den Handel geht, dieser dann noch seinen Gewinn aufschlägt und der Honig dann zu einem deutlich teureren Preis im Regal steht. Dies ist jedoch eher die Ausnahme.

Vertrieb über Großabnehmer

Ähnlich wie bei der Vermarktung über lokale Händler ist auch der Vertrieb an Großabnehmer aufgebaut. Um hier jedoch eine Chance auf Aufnahme in das Sortiment zu haben, benötigt man extrem große Mengen, welche der normale Imker in der Regel nicht hat. Daher streifen wir dieses Kapitel nur der Vollständigkeit halber.

Den Großabnehmern ist wichtig, dass eine Lieferung über das gesamte Jahr, ohne Schwankung von Menge und Qualität, möglich ist. Da die Logistik und die Kostenstruktur hier eine ganz andere ist als im Haus- und Hofbetrieb der Bienenhaltung, sind die Erträge deutlich geringer. So verdient ein befreundeter Imker für seinen Bio-Honig nur zwischen EUR 3,- und (im besten Fall) EUR 6,-. Diese Gewinne (vor Steuer) ist jedoch von jeder Direktvermarktung ganz einfach zu schlagen.

Eine Abgabe der Bienenprodukte an große Abnehmer ist daher nur bei extrem großen Produktionsmengen anzuraten und in der gelebten Praxis ohnehin für 99,9 % der Imker nicht relevant.

PRAXISTIPP! Großabnehmer

Manchmal gibt es auch direkte Anfragen von Großabnehmern. So brauchen viele Abnehmer für gewisse Produkte Honig und möchten diesen nach Möglichkeit auch regional beziehen. Zum Beispiel fragen regelmäßig Molkereien oder Lebzelter um Mengen ab einer Tonne an. Die Preise liegen hier oftmals sogar besser als beim Vertrieb über den Einzelhandel (Kosten und Aufwand für die Verpackung sind hier deutlich günstiger).

VERMARKTUNG ÜBER DAS INTERNET

Heutzutage ist am Gartenzaun der Nachbarin nicht Schluss mit dem Honigverkauf, auch Gemeinde- oder Landesgrenzen spielen heute fast keine Rolle mehr. Dadurch haben sich über das Internet verschiedene Vermarktungsmöglichkeiten aufgetan. Der sehr große Vorteil ist, dass auf diese Daten weltweit zugegriffen werden kann und man nicht lokal beschränkt ist.

Die häufigste Variante ist, dass die Imkerei selbst eine Homepage und/oder ein Profil in einem Sozialen Netzwerk (Facebook etc.) erstellt, dort für die eigenen Produkte wirbt und diese in einem Online-Shop zum Verkauf anbietet. Selbst bei kleineren Mengen, welche nicht über den klassischen Direktvertrieb an den Mann und die Frau gebracht werden können, sind hier absetzbar. Als Nachteile dieser Variante sind jedoch die Schwierigkeiten am Anfang zu sehen. So muss zuerst eine eigene Homepage erstellt werden und in einem weiteren Schritt müssen die Personen darauf aufmerksam gemacht werden. Der zweite Teil ist hier doch der eindeutig schwierigere und bedarf wiederum einiges an Marketing.

Eine sehr ausgefallene und neue Variante ist der Vertrieb über Nearbees.de. Diese Seite bringt sowohl Imker aus den verschiedensten Regionen und Kunden aus aller Welt zusammen und dient als Vermittler. Die Erstellung eines eigenen Profils geht schnell und einfach und man kann seinen eigenen individuellen Preis für verschiedene Honige veranschlagen. Als Provision erhält der Betreiber 15 % des Verkaufspreises, welche natürlich auf die Kosten einen deutlichen Einfluss haben. Dazu kommt noch die standardisierte Verpackung (derzeit EUR 1,-) und die Versandkosten (klimaneutral, derzeit EUR 1,50 als Brief einfach zur Post). Der Versand erfolgt bewusst in Beuteln, da so kein Glasbruch entsteht und der Honig nicht auslaufen kann. Nachdem der Kunde den Honig in Empfang genommen hat, wird dieser einfach in ein Glas oder einen Honigtopf umgefüllt.

PRAXISTIPP! Gehören Sie zu den Vorreitern!

Gehören Sie zu den Vorreitern! Es ist oft sinnvoll, bei Ideen vorne mit dabei zu sein. Damit kann man sich eine gute Position am Markt ergattern und profitiert von der (Weiter-)Entwicklung des Gedankens. Manchmal ist es gut, sich einfach zu trauen und Neues zu versuchen. So ist es auch bei dieser Seite. So lange noch keine Anbieter in Ihrer Region unterwegs sind, können Sie alle Anfragen abfangen und sich so potentielle Stammkunden sichern. Ein zusätzlicher Vertriebskanal ist immer ratsam.

Der Nachteil des Verkaufs über das Internet ist immer, dass Logistikkosten anfallen und der Versand bzw. die Abholung vor Ort ermöglicht werden muss. Generell ist es also eine interessante Alternative, besonders, wenn man seine Imkerei auch online präsentieren möchte und das Erlebte teilen will.

MARKETING

Jeder der oben angeführten Vermarktungsmethoden funktioniert nur, wenn man auch genügend Abnehmer findet. Was bringt es schon, wenn man Produkte mit einer ausgesprochen guten Qualität herstellt, wenn keiner diese kaufen möchte oder die potentiellen Kunden gar nicht wissen, dass es diese Produkte gibt?

In unserer Zeit spielt daher das Marketing eine immer größere Rolle, auch bereits für den Hobby-Imker, der über die Selbstversorgung hinweg Erzeugnisse herstellt. Allerdings gibt es viele Formen von Marketing, welche in den jeweiligen Vermarktungsformen zur Anwendung kommen können, aber auch an die finanziellen Möglichkeiten des Verkäufers ausgerichtet sein müssen. So kann zwar ein Hobby-Imker mit 20 kg zu verkaufendem Honig auch bereits Einschaltungen in Tageszeitungen und Werbespots im Hauptabendprogramm schalten, ob dies jedoch in Relation zum Ertrag sinnvoll ist, sei dahingestellt.

Jeder von uns bildet an sich schon eine eigene Marke, welche es nun zu verfeinern und zu bewerben gilt. So kann man sich als Imker auf verschiedene Merkmale, die mit den Bienen zusammenhängen, stürzen. Unter anderem kann das Bienensterben, die Artenvielfalt (wenn man eine spezielle und seltene Rasse hat), die Auswirkungen für die Umwelt, die Regionalität der Produkte etc. angesprochen werden. Je nach Kundenschicht ergeben sich daraus dann spezielle Muster und Systematiken, welche im Marketing angewendet werden können.

Am Anfang sollte man sich daher genau überlegen, für wen ich eigentlich meine Produkte produziere, welche Mengen ich erzeuge und was mir persönlich wichtig ist. Darauf kann man dann die Ausrichtung des Marketings planen und sich die Kernbotschaften überlegen. Hat man das alles geschafft und ist mit dem Ergebnis zufrieden, dann gilt es „nur“ mehr, alles an die Öffentlichkeit zu bringen. Und genau dafür gibt es die verschiedensten Wege. Hier sollten jedoch folgend nur die für die meisten Imker relevanten thematisiert werden, welche jedoch auch bei großen Betrieben Anwendung finden können.

Der Grundbaustein für das Marketing ist die Beziehung zum bestehenden Kunden und die direkte Ansprache der potentiellen Kunden. Gerade weil jeder Imker für sich selbst eine Marke darstellt, kann er am besten vermitteln, welche Werte in seinem Betrieb wichtig sind und was der

Kunde von den Produkten erwarten kann. Man ist Sympathieträger und Fachmann in einem und sollte daher auch diese Stärken nutzen. Durch die direkte Ansprache von Neukunden ist auch die Wahrscheinlichkeit am größten, den Kunden wirklich zu gewinnen. Sobald ein Kunde bereits einmal das Produkt gekauft und damit erprobt hat, wird er gerne wieder darauf zurückgreifen, wenn Preis und Leistung stimmen. Zur Leistung zählt in diesem Fall, neben dem eigentlichen Produkt auch der Kontakt zum Imker, der oft erklären kann, warum die Qualität so hoch ist und wie sich Kosten und Ertragsstruktur zusammensetzen. Viele Konsumenten wissen gar nicht, welcher Aufwand (auch finanziell) hinter einem Glas Honig steckt. Durch diese Art des Marketings kann ein ordentlicher Kundenstock aufgebaut werden und für spätere Marketingmaßnahmen übernommen werden. Der größte Vorteil ist jedoch, dass Marketing über diese Schiene nichts kostet außer Mut und ein wenig Übung.

Musteretikett: einige Druckereien haben sich auf Imker und deren Wünsche spezialisiert.

PRAXISTIPP! Kundeninformation

Informieren Sie Ihre Kunden regelmäßig! Viele Kunden freuen sich, wenn sie am Laufenden gehalten werden. Hier ist jedoch der richtige Weg zu finden. Persönlicher wirkt oft ein Brief mit den neuesten Informationen, kostengünstiger ist hingegen ein Email-Newsletter. Jede Werbung sollte gut auf die eigene Kundenschicht abgestimmt sein und eine für den Imker zufriedenstellende Kosten-Nutzen-Relation aufweisen.

Als weiteres Instrument, welches nichts kostet, ist eine Seite auf Facebook und anderen sozialen Netzwerken interessant. Hier kann man die Kunden und Interessenten schnell und unkompliziert über die aktuellen Arbeiten und Geschehnisse im Bienenstock informieren. Damit kann sich der Kunde die Arbeitsweise des Imkers anschauen und identifiziert sich mehr mit dem Produkt. So kann relativ einfach ein

Die meisten Kunden freuen sich, selbst einen Blick in das Bienenvolk werfen zu können.

großes Netzwerk aufgebaut werden und Empfehlungen von Kunden an Neukunden leicht, wenn auch unbewusst (durch ein „Gefällt mir"), vermittelt werden. Die vorhin festgelegten Kernbotschaften können über diesen Kanal präsentiert werden. Damit wird die Marke erlebbar und der Kunde weiß, wofür das Produkt steht.

PRAXISTIPP! Betreuung der Social-Media-Aktivitäten

Wenn man selbst nicht auf Facebook und Co. ist oder sich einfach nicht damit beschäftigen möchte, kann man dies auch einfach ausgliedern. So ist es für Facebooknutzer, welche täglich online sind, ein Kinderspiel, eine Gruppe mit einigen Hundert oder sogar Tausend „Gefällt mir" innerhalb weniger Monate aufzubauen. Fragen Sie einfach Ihre Kinder oder Freunde. Stellen Sie dafür einfach einige Texte, Produkte und Fotos zur Verfügung, dann geht der Aufbau der Gruppe noch schneller und Sie sind sicher, welche Inhalte unter Ihrem Namen auftauchen. Der geringe Arbeitsaufwand kann dann mit Naturalien vergütet werden.

CUSTOMER RELATIONSHIP MANAGEMENT

Ein gutes Beispiel für das Customer Relationship Management ist der Tante-Emma-Laden von früher. Hier wusste der Inhaber sofort den Namen jedes einzelnen Kunden und konnte innerhalb weniger Momente aufzählen, was gewünscht wurde. Ähnlich sollte es sich auch in der Imkerei abspielen. Jeder Kunde freut sich, wenn man ihm sprichwörtlich die Wünsche bereits von den Augen ablesen kann. So kann sich der kleine Direktvermarkter deutlich von den großen Lebensmittelhändlern abheben.

Der Kunde spielt bei allen Arten der Vermarktung die wichtigste Rolle im Kreislauf des Verkaufens. Daher sollten das gesamte Marketing und die Vermarktung in erster Line auf den Kunden und nur in zweiter Linie auf den Erzeuger ausgerichtet sein.

Bei sämtlichen Vermarktungsmethoden (sowohl an den Endkunden als auch an den Zwischenhändler) ist es wichtig, dass der Imker alle Kontakte mit den Kunden gezielt setzt, um so das beste Ergebnis erreichen zu können. Eine Beziehung, welche über Jahrzehnte aufgebaut wurde, kann innerhalb einer Minute zerstört werden, wenn man den Kunden einmal verärgert.

PRAXISTIPP! Empfehlungsmarketing

Ein zufriedener Kunde gibt seine positiven Erfahrungen erfahrungsgemäß an nur drei Menschen in seinem Umfeld weiter. Dahingegen berichtet er 35 Personen, wenn er schlechte Erfahrungen gemacht hat. Achten Sie daher darauf, dass Sie keinen Kunden unnötig vergraulen. Im Umkehrschluss kann man aber auch seine Kunden bitten, eine Weiterempfehlung auszusprechen. Eine Empfehlung ist das beste (weil wirksamste) und günstigste Instrument der Kundengewinnung.

Das beste Ergebnis kann nur erreicht werden, wenn das Ziel (wie bereits im Marketing) klar definiert wurde und alle Schritte darauf hin ausgerichtet sind. Eine klare Definition und Festlegung der einzelnen Schritte ist selbst für den kleinsten Betrieb entscheidend, da man ja nie weiß, wie groß man einmal werden wird. Beim Abarbeiten dieser einzelnen Schritte sollte man gleich alles dokumentieren. Mit der Dokumentation kann man festhalten, was gut und was weniger gut funktioniert hat. Ebenfalls können alle gesetzten Schritte nachverfolgt und gesetzte Absprachen festgehalten werden. Ebenfalls ist es, wie dem Besitzer des Tante-Emma-Ladens, möglich, die Wünsche der Kunden festzuhalten, auf diese gezielt einzugehen und auch entsprechend Werbung zu machen. Da es auch oft nicht möglich ist, alles im Kopf zu behalten (sei es aufgrund der Doppel- und Dreifachbelastungen neben der Imkerei oder aufgrund eines schlecht ausgeprägten Langzeitgedächtnisses), kann so eine Dokumentation hilfreich sein.

PRAXISTIPP! Kundenregister

Legen Sie sich ein Kundenregister an. Der einfachste Weg ist eine Excel-Liste mit den wichtigsten Parametern, wie Name, Geburtstag, Adresse, aber auch mit Vermerken, wie gekaufte Menge, letzter Kauf (inkl. Menge) und Vorlieben im Hinblick auf die Produkte. Gut ist es auch zu wissen, auf welchem Weg der Kunde zu einem gefunden hat. Bei einer Empfehlung kann man dem Empfehlungsgeber eine kleine Aufmerksamkeit zukommen lassen und so die positive Wirkung der Empfehlung spürbar machen.

AUFZEICHNUNG DER TÄTIGKEITEN

Analog der Dokumentation der Kundenkontakte ist die Dokumentation der einzelnen Tätigkeiten am Bienenstock wichtig. Durch diese können Fehler analysiert, gut umgesetzte Ideen für die Zukunft festgehalten und die benötigte Zeit für die einzelnen Arbeitsschritte für die Kalkulation aufbereitet werden. Die Aufzeichnungen können über verschiedene Wege geführt werden und reichen vom Festhalten mit Stift und Papier bis hin zur elektronischen und (teil-)automatisierten Aufzeichnung.

Gerade die laufende Kontrolle der Völker ist wichtig und gehört dokumentiert.

PRAXISTIPP! Bienentagebuch

Viele Menschen führen ein Bienentagebuch, um die Tätigkeiten mit den Bienen festzuhalten. Wenn man hier einige fixe Parameter einführt (Aufwand, Zeit, Kosten, Tätigkeitsbericht, Wetter usw.) dann hat man am Jahresende eine gute Übersicht. Durch diese Aufzeichnungen kann man auch feststellen, welche Fehler man begangen hat und wo Verbesserungen möglich sind, welche in den folgenden Jahren wieder gemessen werden können und so die Abweichungen feststellbar werden. Ohne Aufzeichnungen und nur mit Schätzungen werden alle diese Punkte unmöglich bzw. extrem schwer zu verifizieren.

BESTEUERUNG DER IMKEREI

Vor allem die nebenberuflich betriebene Imkerei stellt meist keine Einkunftsquelle dar und wird als steuerlicher Liebhaberbetrieb einzustufen sein. Sobald jedoch eine gewisse Größe des Betriebs erreicht wird, ist sowohl von Einkünften als auch von der Besteuerung die Rede. Abgesehen von der Liebhaberei sind jedoch im Rahmen der Einheitsbewertung, der Einkommens- und Umsatzsteuer einige Thematiken zu beachten. Hier sei jedoch nochmals darauf hingewiesen, dass es sich bei diesem Kapitel nur um eine grobe Richtschnur der zum Zeitpunkt der Veröffentlichung geltenden Rechtslage handelt. Nähere und vor allem genauere Auskünfte sowie eine umfassende Beratung zu diesem Thema liefert der Steuerberater Ihres Vertrauens.

PRAXISTIPP! Steuerberater

Einen geeigneten Steuerberater können Landwirtschaftskammern und Imkerverbände empfehlen. Hier einen Experten zu Rate zu ziehen, ist langfristig die beste Variante. Er spart meistens mehr Geld (durch eine optimierte Steuerbelastung), als er kostet.

Auch die Bienenzucht führt unabhängig davon, ob ein Zusammenhang mit einem land- und forstwirtschaftlichen Betrieb besteht, zu Einkünften aus Land- und Forstwirtschaft. Ebenso wenig ist maßgeblich, ob Bienenzucht für die Honigproduktion oder zum Zweck der Weiterveräußerung von Bienenvölkern bzw. Bienenköniginnen betrieben wird und ob zugekaufter Zucker verabreicht wird. Zu den Urprodukten zählen (Creme-) Honig, Blütenpollen, Propolis, Gelée Royale, Met, Bienenwachs und Bienengift. Als be- und verarbeitete Produkte gelten unter anderem Propolistinkturen (Propolistropfen etc.), Propoliscremen, Bienenwachskerzen und -figuren, Honigzuckerln, Honig gemischt mit anderen Produkten (z. B. Früchten, Nüssen oder Ähnlichem), Honiglikör, Honigbier und zu Mittelwänden verarbeitetes Rohwachs.

Durch die neue Regelung bei den Einheitswerten gilt seit dem 01. Jänner 2014 ein neues System der Besteuerung von Imkereien. Dazu gibt es ein eigenes Gesetzblatt (BMF-010202/0109-VI/3/2014), welches vom Finanzministerium veröffentlicht wurde. Generell ist zu sagen, dass sich das Gesetz in die bestehenden Verordnungen rund um die Pauschalierung, Teilpauschalierung

PRAXISTIPP! Gesetzblatt

Das Gesetzblatt ist auch im Internet unter www.bmf.gv.at für alle abrufbar. Da es nur 2 DIN-A4-Seiten hat, welche einfach verständlich formuliert worden sind, ist es auch für den Laien möglich, den Gesetzestext zu verstehen.

und die weiteren Bestimmungen einfügt. Neben dem pauschalen Bewertungsverfahren, welches eine Besonderheit in der Landwirtschaft innerhalb des Einkommensteuergesetzes darstellt, gibt es noch die Teilpauschalierung und die buchführungspflichtigen Gewinnermittler. Folgend sind alle möglichen Varianten der Ermittlung und deren Grenzen aufgelistet:

- Buchführung (ab EUR 150.000,- Einheitswert oder EUR 550.000,- Umsatz pro Wirtschaftsjahr)
- Einnahmen-Ausgaben-Rechnung (zwischen einem Einheitswert von EUR 130.000,- und EUR 150.000,- sowie einem Umsatz von EUR 400.000,- bis zu EUR 550.000,- pro Jahr verpflichtend)

Bundesministerium für Finanzen: GZ: BMF-010202/0109-VI/3/2014

KUNDMACHUNG DES BUNDESMINISTERIUMS FÜR FINANZEN ÜBER DIE BEWERTUNG VON IMKEREIEN

Auf Grund des § 50 Abs. 2 in Verbindung mit §44 des Bewertungsgesetzes 1955, BGBl. 148/1955, zuletzt geändert durch das Bundesgesetz BGBl. 1 Nr. 63/2013, wird nach Beratung im Bewertungsbeirat kundgemacht:

1. Abschnitt – Allgemeines

§1. Das der Bienenzucht gewidmete Vermögen (Imkereien) ist gemäß § 50 BewG 1955 ein Bestandteil des übrigen land- und forstwirtschaftlichen Vermögens. Für die Bewertung dieser Vermögensunterart gilt der Grundsatz über die Bewertung nach Ertragswerten gemäß den Bestimmungen des § 32 Abs. 1 und 2 BewG. 1955.

2. Abschnitt – Pauschales Bewertungsverfahren – Bewertung von Bienenvölkern

§2. (1) Zur Bewertung einer Imkerei ist der durchschnittliche Jahresbestand an Bienenvölkern zu ermitteln. Es bestehen keine Bedenken, den jeweils im Monat vorhandenen Bestand als Durchschnittsbestand heranzuziehen.
(2) Die Feststellung eines Einheitswertes erfolgt ab einem Bestand von 50 Bienenvölkern (Freigrenze).
(3) Der Ertragswert von Imkereien ist in Höhe von 11 Euro pro Bienenvolk anzusetzen, wobei für Imkereien mit bis zu 99 Bienenvölkern ein Pauschalabschlag in Höhe von 100 Euro anzuwenden ist.
Durchschnittlich bis zu 99 Bienenvölkern:

Durchschnittsbestand bis zu 99 Bienenvölkern: Ertragswert 11 Euro pro Bienenvolk und Pauschalabschlag von 100 Euro.
Summe (Anzahl der Bienenvölker (bis 99) mal 11 Euro) minus 100 Euro = Ertragswert

Durchschnittsbestand ab 100 Bienenvölkern: Ertragswert 11 Euro pro Bienenvolk:
Summe (Anzahl der Bienenvölker mal 11 Euro) = Ertragswert

(4) Mit dem Pauschalsatz gelten die Honiggewinnung sowie anfallendes Wachs und Rohpropolis als mit erfasst.
(5) Die Festlegung eines pauschalen Ertragswertes schließt nicht aus, dass es dem betreffenden Betriebsinhaber freisteht, eine Bewertung auf Grund eines von ihm vorgelegten Nachweises des objektiv erzielbaren Ertragswertes zu beantragen.
(6) Bei der Ableitung der Einheitswerte für Imkereien sind weiters die folgenden betriebswirtschaftlichen und bewertungsrechtlichen Grundsätze zu beachten:

1. Das vorhandene Betriebsziel bei Imkereien ist die Honiggewinnung. Es sind aber auch jene Imkereibetriebe nach dieser Methode zu bewerten, welche Bienenvölker und Bienenköniginnen zu Verkaufszwecken heranziehen. Anfallendes Bienenwachs und Rohpropolis sind in den unterstellten Ertragswerten bereits berücksichtigt.
2. Gemäß § 50 Abs. 2 BewG. 1955 werden Gebäude bzw. Gebäudeteile, die ausschließlich der Imkerei dienen (Arbeitsräume), nicht besonders bewertet, sondern sind bei der Ermittlung des Ertragswertes mitberücksichtigt.

Erzeugung von Bienenköniginnen sowie anderen Urprodukten der Imkerei

§3. (1) Die Erzeugung von Bienenköniginnen und Weiselzellen sowie Met, Gelée Royale, Bienengift und anderen marktgängigen Urprodukten der Imkerei, soweit diese nicht unter § 2 bereits erfasst sind, ist nur bis zu einem Umsatz von 1.500 Euro (Freibetrag) aus diesen Produkten mit dem Pauschalansatz mit miterfasst. Umsätze über 1.500 Euro sind gesondert zu erklären. Der Mehrertrag ist bei der Einheitswertermittlung zum Pauschalbetrag hinzuzurechnen.

3. Abschnitt – Inkrafttreten

§4. Diese Kundmachung ist erstmals für die Hauptfeststellung der Einheitswerte des land- und fortwirtschaftlichen Vermögens zum 1. 1. 2014 anzuwenden.

Wien, 28. Februar 2014 **Spindelegger**

Das aktuelle Steuergesetz für die Imkerei in Österreich
(Stand Herbst 2017, Quelle: Bundesministerium für Finanzen, www. bmf.gv.at)

- Teilpauschalierung (zwischen einem Einheitswert von EUR 75.000,- und EUR 130.000,- sowie bewirtschafteter Fläche, welche größer als 60 ha ist)
- Vollpauschalierung (weniger als EUR 75.000,- Einheitswert und eine bewirtschaftete Fläche kleiner 60 ha)

Es kann jedoch immer auf eine „höherwertigere" Gewinnermittlungsart zurückgegriffen werden. Eine Rückstufung ist jedoch erst nach 5 Wirtschaftsjahren möglich.

Die Pauschalierung ist die für den normalen Bedarf einfachste Variante zur Ermittlung der Einkünfte aus der Imkerei. Bei einer gewissenhaften Aufzeichnung sind zwar die „höherwertigeren" Methoden ebenfalls kein Problem, jedoch vermehrt mit externen Kosten verbunden (Steuerberater, Erstellung einer Einnahmen-Ausgaben-Rechnung, Bilanz etc.). Die Pauschalierung kann von jedem Imker und jeder Imkerin mit einer Beilage in der Einkommensteuererklärung selbständig durchgeführt werden.

Als Grundlage für die pauschale Besteuerung der Bienenzucht gilt es, einen durchschnittlichen Jahresbestand an Bienenvölkern zu ermitteln. Dieser ist mit jenem Bestand, der im Oktober jeden Jahres besteht, gleichzusetzen. Dieser Wert ist für die weitere Berechnung von größter Relevanz.

Ab einer durchschnittlichen Völkerzahl (egal ob Ableger oder Wirtschaftsvölker) von 50 Stück ist eine pauschale Besteuerung vorzunehmen. Alle Imkereien, die weniger als diese 50 Völker im Bestand haben, fallen unter die Freigrenze und werden nicht gesondert besteuert (ausgenommen Gewinnermittler bzw. Einnahmen-Ausgaben-Rechner).

Bei einem Durchschnittsbestand von bis zu 99 Völkern ist ein Ertragswert von EUR 11,- pro Bienenvolk anzusetzen. Von dieser Summe ist ein Pauschalabschlag von EUR 100,- in Abzug zu bringen, welcher den Ertragswert (und somit die Basis für die Steuerberechnung) mindert. Bei einer Völkerzahl von mehr als 99 gibt es diesen Pauschalabschlag nicht mehr und es wird einfach die Völkerzahl mit dem Ertragswert von EUR 11,- pro Volk multipliziert. Mit diesen Pauschalsätzen gelten die Honiggewinnung sowie anfallendes Wachs und Rohpropolis als miterfasst. Dies gilt sowohl für Imkereien, welche für die Honigproduktion herangezogen werden, als auch für jene, welche Bienenvölker und Bienenköniginnen zu Verkaufszwecken heranziehen.

Die Erzeugung von Binenköniginnen und Weiselzellen sowie Met, Gelée Royale, Bienengift und anderen marktgängigen Urprodukten der Imkerei ist in den Pauschalbeträgen bis zu Umsätzen von EUR 1.500,- (mit diesen Produkten – exkl. Honig, Wachs und Rohpropolis) enthalten. Alle weiteren Umsätze aus diesen Produkten, welche EUR 1.500,- übersteigen, sind den Ertragswerten hinzuzurechnen und erhöhen damit die Steuerbasis.

Dieser gesamte Ertragswert deckt sämtliche Umsätze aus der Einkommensart der Land- und Forstwirtschaft (bzw. wenn weitere land- und forstwirtschaftliche Einkommen bestehen, müssen diese addiert werden) ab. Im Rahmen der Vollpauschalierung ist der Gewinn mittels eines Durchschnittssatzes von 42 % des maßgeblichen Einheitswertes zu ermitteln (Grundbetrag). Diesem Grundbetrag werden noch besondere Einkünfte (Auszahlungen von Versicherungen, Grundverkäufe etc.) zugerechnet.

Die Zahlungen an die Sozialversicherung der Bauern, die Schuldzinsen (welche im Zusammenhang mit dem bewirtschafteten Gut stehen) sowie etwaige Pachtzinsen (max. 25 % des Einheitswertes) und Ausgedingelasten werden diesem Einnahmenblock abgezogen und ergeben unterm Strich den Gewinn aus der Land- und Forstwirtschaft, welcher in der Einkommensteuererklärung ausgewiesen werden muss.

+ 42 % vom Einheits-/Ertragswert
+ Besondere Einkünfte
– Sozialversicherungsbeiträge (Sozialversicherung der Bauern)
– Schuldzinsen
– Pachtzinsen (max. 25 % des Einheitswertes)
– Ausgedingelasten

= Steuerlicher Gewinn

Der hier ermittelte Gewinn spiegelt nur die Grundlage für die Ermittlung der Einkommensteuerlast wider und nicht den tatsächlich erwirtschafteten Gewinn. Es wird hier unterstellt, dass im Durchschnitt pro Jahr ein Ertragswert von EUR 11,- pro Volk erzielt werden kann, unabhängig vom erwirtschafteten Gewinn, der tatsächlich höher oder geringer ausfallen kann.

Für die **Besteuerung in Deutschland** gilt ebenfalls eine gesetzliche Regelung. Da es sich bei der Imkerei um eine land- und forstwirtschaftliche Tätigkeit handelt, ist diese auch gemäß deren Bestimmungen zu besteuern. Die Gesetzgebung nimmt an, dass Imker bis zu 30 Völkern keinen Gewinn erwirtschaften und daher auch keine Steuern abzuführen haben (Anlage 1a zu § 13a EStG). Imker zwischen 31 und 70 Völkern müssen eine pauschale Steuer in der Höhe von EUR 1.000,- abführen. Alle Imker mit höheren Beständen sind dann verpflichtet, eine Einnahmen-Ausgaben-Rechnung zu führen und so den tatsächlich erzielten Gewinn an das Finanzamt zu melden.

Eine genaue Erklärung liefert sowohl der Deutsche Imkerbund[1] als auch die entsprechenden Paragraphen in deutschen EStG[2].

PRAXISTIPP! Ehrlichkeit bei Steuerfragen

Gerade bei Steuerfragen muss Ehrlichkeit an erster Stelle stehen. Versuchen Sie niemals, etwas an der Steuer vorbei zu erwirtschaften. Es gibt immer jemanden, der einen beneidet oder einem etwas Schlechtes möchte. Solche Tatbestände sind weder ein Gentleman-Delikt noch eine Lappalie. Bereits durch kleine Verstöße kann man sich viele Wege im weiteren Leben verbauen und in große Schwierigkeiten kommen (zum Beispiel, wenn man Politiker ist etc.). Gerade durch die „schonende" Variante der Pauschalierung und der hohen Freigrenze von 50 Völkern sollte die Steuerlast ohnedies nicht allzu groß sein.

1 http://deutscherimkerbund.de/download/0-330
2 https://www.gesetze-im-internet.de/estg/__13a.html
https://www.gesetze-im-internet.de/estg/anlage_1a.html

DIE KOSTENRECHNUNG IN DER IMKEREI

ERFORDERLICHE DATEN FÜR DIE BERECHNUNG

Für eine genaue Berechnung sind einige Daten und ein bisschen an Erfahrung erforderlich. Die Daten, welche im angeführten Beispiel und auch in der Praxis relevant sind, gliedern sich wie folgt:

Fixe Ausgaben (Fixkosten):

- Kaufpreis von Zubehör (Smoker, Honigschleuder, Wachsschmelzer etc.)
- Kosten für Pacht (falls Bienen auf Pachtgrund aufgestellt sind)

Variable Ausgaben (Variable Kosten):

- Kaufpreis von Beuten inkl. Rähmchen
- Preis pro zugekauftem Bienenvolk/-königin (falls von Dritten Bienen zugekauft werden)
- Kosten für Winterfutter
- Kosten für Varroabehandlung

Einnahmen:

- Durchschnittliche Menge Honig
- Preis für Honig
- Durchschnittliche Menge Wachs
- Preis für Wachs
- Durchschnittliche Anzahl gezüchteter Bienenvölker
- Preis für neue Bienenvölker
- Durchschnittliche Anzahl gezüchteter Königinnen
- Preis pro Königin

Ein vorbildlich gepflegter Bienenstand erleichtert die Arbeit des Imkers.

Die wichtigsten Werkzeuge: Smoker oder Nelkenöl, Besen, Stockmeisel, Wabenzange und Handschuhe.

Eine Honigschleuder für den Hobbygebrauch. Vollerwerbsimker arbeiten mit deutlich größeren Kapazitäten.

Um eine Erleichterung in der Praxis sowie auch bei unserem Praxisbeispiel zu erreichen, werden die Preise der Imkergenossenschaft Salzburg – Imkerhof Salzburg zugrunde gelegt. Sie bietet aufgrund der lokalen Angebots- und Nachfragestruktur sowie der Kleingliedrigkeit der Imkerei eine bedarfsorientierte Bepreisung der meisten oben angegebenen Positionen. In der Praxis können diese, je nach Anbieter etc., an alle Verhältnisse angepasst werden.

Die durchschnittlichen Mengen bei der Einnahmenseite sind bei einer Berechnung für die Zukunft aufgrund von Erfahrungswerten anzunehmen. Hier ist jedoch darauf zu achten, dass Rekordjahre (gute sowie schlechte) ohne Berücksichtigung bleiben, da diese das Gesamtbild verfälschen würden. Bei einer Rückschau müssen die tatsächlich erzielten Werte herangezogen werden.

PRAXISTIPP! Gute Buchführung

Besonders zu beachten ist bei der Kostenrechnung, dass man den echten Preis ansetzt. Menschen neigen dazu, sich alles so hinzubiegen, dass am Ende das gewünschte Ergebnis herauskommt. Genau das sollte jedoch vermieden werden. Daher ist eine gute Buchführung das A und O einer ordentlichen Kostenrechnung. Damit kann man sich nicht selbst belügen und man bekommt faire Ergebnisse, welche auch die in der Praxis erwirtschafteten Gewinne widerspiegeln werden.

DER DECKUNGSBEITRAG

Unter Deckungsbeitrag versteht man eine kalkulatorische Größe, bei der von den gesamten Einnahmen die variablen Kosten abgezogen werden. Es werden hier nur die Kosten abgezogen, welche in direkter Verbindung mit der Erzeugung des Produktes stehen und abhängig von der Anzahl der Bienenvölker ist. So sind unter anderem die Pacht für den Standplatz oder die Kosten für die Honigschleuder nicht abhängig davon, ob ein Bienenvolk oder zehn Völker bewirtschaftet werden. Im Vergleich dazu handelt es sich bei den variablen Kosten um stückabhängige Kosten. Als Beispiel kann hier die Beute herangezogen werden. Pro Volk wird eine Beute mit drei Zargen, einem Deckel und einem Boden benötigt. Wird nur ein Volk gehalten, so benötigt man auch nur eine Beute; erhöht sich die Völkerzahl beispielsweise auf drei, so steigen die Ausgaben und es werden drei Beuten benötigt.

PRAXISTIPP! Kostenrechnung

Die hier angeführten Informationen rund um das Thema Kostenrechnung decken alle wichtigen Bereiche ab, welche benötigt werden, um einen Betrieb in den wesentlichen Bereichen durchzukalkulieren. Selbstverständlich gibt es noch weiterführende und speziellere Verfahren, um gewisse Thematiken abzudecken. Eine ausgeklügelte Berechnung und Analyse der hier beschriebenen Werkzeuge deckt jedoch die meisten Schwachstellen und Stärken im eigenen Betrieb auf.

Mit dem verbleibenden Deckungsbeitrag, welcher pro einzeln produziertem Produkt berechnet werden kann (siehe dazu Berechnungsbeispiel), müssen sämtliche Fixkosten abgedeckt werden. Nach Abzug dieser Fixkosten (Pacht etc.) ergibt sich der Gewinn bzw. Verlust, der dem Imker verbleibt.

Durch eine mehrstufige Deckungsbeitragsrechnung werden Gewinn- und Verlustpositionen innerhalb des Betriebs genau identifiziert. So wird aufgezeigt, in welchen Bereichen ein Ertrag erwirtschaftet wird, wo Verluste entstehen und an welchen Punkten verändert werden muss, um den Gewinn zu steigern. Durch diverse Verbesserungen/Veränderungen innerhalb der Imkerei kann dies zu einem weiteren Ausbau des Ertrags führen und so der gesamte Betrieb wirtschaftlicher werden.

Die gewöhnliche Deckungsbeitragsrechnung lässt sich zudem noch in zwei Hauptbereiche untergliedern. Der Deckungsbeitrag I beinhaltet, abgesehen vom Personal, alle Kosten, die durch die Erzeugung des Produktes anfallen. In einem zweiten Schritt können nun die Personalkosten abgezogen werden und der Deckungsbeitrag II ergibt das Endergebnis. Diese Art der Trennung ist allerdings nur in Betrieben notwendig, in denen Angestellte beschäftigt sind. In der Regel betreiben Imker in der DACH-Region (Deutschland, Österreich, Schweiz) die Bienenhaltung alleine und haben keine Beschäftigten.

Die Deckungsbeitragsrechnung zeigt so relativ schnell, welche Produkte innerhalb des Betriebes stärker forciert werden sollten und auf welche Produkte in Zukunft verzichtet werden soll. Ein Erzeugnis, welches einen negativen Deckungsbeitrag aufweist, hat in einem zukunftsorientierten Betrieb keinen Platz, da pro produzierter Einheit nur der Verlust größer wird, welcher über andere Produkte kompensiert werden muss und so den Gewinn des gesamten Betriebes schmälert. Als einzige Ausnahme gilt jedoch, dass der negative Deckungsbeitrag in Kauf genommen werden kann, wenn durch die Produktion des Gutes ein positiver Effekt für den Gesamtbetrieb entsteht. Als Beispiel kann hier Wachs herangezogen werden. Durch die geringe Menge, welche pro Jahr erzeugt wird und die geringen erzielbaren Preise und hohen Kosten der Bewirtschaftung kann Wachs, wie im Be-

Bienenwaben: bereit für die Verarbeitung zu Wabenhonig

rechnungsbeispiel ersichtlich, nicht mit einem positiven Deckungsbeitrag erzeugt werden. Dennoch ist es für den gesamten Betrieb wichtig, dass Wachs für die weitere Verwendung gewonnen wird.

Die Ergebnisse aus der Deckungsbeitragsrechnung fließen anschließend in eine Planung ein und bestimmen so die Kosten- und Ertragsstruktur für die kommende Periode. Diese Plankostenrechnung sollte jedoch kein starres Instrument sein, sondern an die laufenden Veränderungen im Wirtschaftsleben und den Veränderungen im Betrieb angepasst werden. Dazu ist auch eine Messung der Abweichungen zur Planung notwendig, um so festzustellen, warum die gewünschten Ergebnisse nicht realisiert werden konnten und wo man in Zukunft ansetzen muss.

Die laufende Planung der folgenden Perioden, in Zusammenhang mit der Festlegung auf ertragsreichere Produkte (Erzeugnisse mit einem höheren Deckungsbeitrag), hilft, den Betrieb in zunehmend schwieriger werdenden wirtschaftlichen Rahmenbedingungen zukunftsfähig zu halten. Damit ist ein Fortbestehen des Betriebs auch für die nächsten Generationen – eines der Hauptziele in den familiengeführten landwirtschaftlichen Unternehmen – möglich.

PRAXISTIPP! Nachfolger

Stellen Sie fest, ob jemand Ihren Betrieb übernehmen will, oder übernehmen Sie selbst einen bestehenden Betrieb. Viele Vereine, Land- und Wirtschaftskammern helfen angehenden und bestehenden Imkern, einen Nachfolger zu finden. Die Planung für die Zukunft hängt auch von diesem Faktor ab. Leider ist es vielen Imkern nicht mehr möglich, alles alleine zu machen, sodass dann der mühsam aufgebaute Betrieb verkleinert oder zur Gänze aufgegeben werden muss. Wenn ein Nachfolger/eine Nachfolgerin vorhanden ist, kann der Aufbau weitergehen und der Betrieb über Generationen hinweg wachsen.

AUSGABEN IN DER KOSTENRECHNUNG

Im Zuge einer gut geführten Kostenrechnung werden die Kosten in variable und fixe Bestandteile aufgeteilt. Durch diese Trennung lässt sich, wie oben bereits erwähnt, genau ablesen, wo Geld verdient wird und auf welche Bereiche besonders geachtet werden muss. Zusätzlich ist die Ausgabenseite besonders von Bedeutung, da diese durch eine kluge Einkaufspolitik etc. besser beeinflusst werden kann als der Ertrag, der durch die Bienen erwirtschaftet wird.

PRAXISTIPP! Mit anderen Imkern sprechen

Sprechen Sie mit anderen Imkern über deren Ausgaben. So können Sie selbst davon profitieren und erfahren, wo man sparen kann. Man bekommt ein Gefühl dafür, welche Kosten realistisch sind und ob diese auch in der Kostenrechnung ordnungsgemäß erfasst werden.

Fixe Ausgaben

Als fixe Ausgaben in der Imkerei können wir, wie bereits beim Punkt Deckungsbeitrag festgehalten, die Kosten für die Pacht des Grundstückes, auf dem sich der Bienenstand und der Lagerraum für das Zubehör befinden, sowie auch den Kaufpreis des Zubehörs annehmen. Beide Kosten sind fix, da, egal ob ein oder mehrere Völker bewirtschaftet werden, diese benötigt werden. Da beim Imkereizubehör von längeren Verwendungszeiten ausgegangen wird, werden die Kosten auf die entsprechende Laufzeit aufgeteilt. Somit kann die regelmäßige Anschaffung und Erneuerung des Zubehörs auf die Verwendungsdauer der Teile aufgeteilt werden und bildet damit die jährlich anfallenden Rücklagen für die Neuanschaffungen ab. Im Berechnungsbeispiel werden die Kosten für das gesamte Zubehör mit EUR 500,- festgelegt und spiegeln die Anschaffung der wichtigsten Gegenstände für die Imkerei im Nebenerwerb wider.

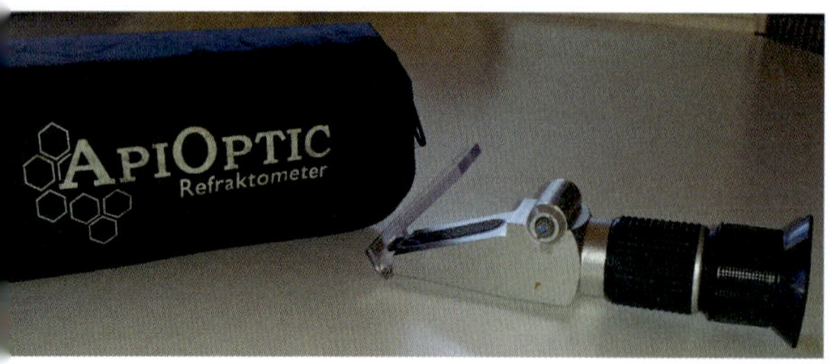

Um eine gute Qualität des Honigs sicherzustellen, ist die Prüfung des Wassergehaltes mit dem Refraktometer anzuraten.

Da die Imkerei im Berechnungsbeispiel im Nebenerwerb geführt wird und einen Betriebszweig innerhalb der Landwirtschaft bildet, werden die Kosten für Pacht mit EUR 0,- angesetzt, weil der Bienenstand auf Eigengrund aufgestellt wird und die Lagerräume ebenfalls am Hof vorhanden sind. Auch wenn der Imker kein Landwirt ist, findet sich in der Regel ein Platz für die Bienen, der ohne entstehende Kosten verwendet werden kann. Der eigene Garten (Achtung auf die Nachbarn!) kann verwendet werden, gerne stellt jedoch auch die Gemeinde ein Grundstück zur Verfügung. Allerdings kann auch bei Landwirten in der Umgebung angefragt werden, diese profitieren zusätzlich von der Bestäubung, da durch Bienen in der Umgebung deutlich höhere Erträge möglich sind.

PRAXISTIPP! Standplatz finden

Wenn man noch keinen geeigneten Standplatz gefunden hat, helfen hier auch gerne Gemeinden und Landratsämter weiter. Landwirtschaftskammern können in solchen Fällen helfen, besonders wenn man die Bienen bei einem Bauernhof abstellen möchte. Aber auch Imker und Imkervereine aus der Gegend sind bei der Einschätzung der Stände eine große Hilfe. Sie wissen oft selbst gute Plätze, die man als neuen Standplatz nutzen kann.

Neben dem Smoker kommen immer öfter Nelkenöle zum Einsatz, die Kosten sind hier jedoch etwas höher.

An dieser Stelle sei noch einiges zur Pacht der Grundstücke erwähnt. Sobald die Imkerei eine gewisse Größe erreicht und man nicht mehr alle Grundstückseigentümer persönlich gut kennt und mit ihnen bekannt ist, sollte unbedingt darauf geachtet werden, dass ein Pachtvertrag geschlossen wird. Dieser Punkt schafft Rechtssicherheit für beide Seiten und legt Spielregeln fest. Diese Spielregeln gehören auf jeden Fall festgelegt, solange das Verhältnis noch gut ist, denn wenn es einmal schlecht geworden ist, benötigt man diese sehr schnell. Bei der Auswahl der Standorte ist auf eine gute Ausrichtung (Himmelsrichtung, Beschattung etc.) sowie gute Ertragsverhältnisse zu achten. Besonders wenn die Völker nicht umgesiedelt werden sollen, ist darauf zu achten, dass für das gesamte Jahr genügend Ertragsflächen vorhanden sind.

Variable Kosten

In der Imkerei sind vier variable Hauptkosten festzustellen. Hiervon wiederum ist der Kaufpreis der Beuten (eine Beute besteht aus einem Boden, 3 Zargen, einem Deckel und optional einem Futteraufsatz) analog zu den fixen Kosten des Zubehörs auf mehrere Jahre aufteilbar, da eine mehrjährige Nutzung der Beuten möglich ist (im Durchschnitt bis zu 15 Jahren bei Kunststoff-, aber auch bei Holzbeuten). Um jedoch Ausfällen und damit verbundenen neuen Anschaffungen von Beuten genügend Spielraum in der Planung zu geben, wird die Aufteilung der Kosten analog zu den fixen Kosten beim Zubehör auf 10 Jahre verteilt. Bei den Kosten von Beute und Rähmchen wird von einem Pauschalbetrag von EUR 150,- pro Stück ausgegangen.

Falls ein neues Bienenvolk von einem anderen Imker erworben werden sollte, spielen zwei Faktoren für den zu bezahlenden Preis eine wichtige Rolle. Einerseits das Angebot der Imker und andererseits die Jahreszeit. Ein Bienenvolk im Sommer zu erwerben, ist oft deutlich günstiger als im zeitigen Frühjahr (der Preis kann hier von EUR 75,- im Sommer bis zu EUR 125,- im Frühjahr variieren). In unserer Kostenrechnung gehen wir davon aus, dass im Frühjahr zugekauft wird, da bereits im laufenden Imkerjahr Honig geerntet werden soll. Daher wird der Kaufpreis pro Volk in der Höhe von EUR 100,- angenommen, um einen aussagekräftigen Durchschnittswert zu erzielen. Dieser Kaufpreis wird in unserer Kostenrechnung nur einmal auftreten, da im laufenden Betrieb aus den einmal erworbenen Völkern neue gebildet werden. Es ist jedoch mit Ausfällen in der Höhe von rund 25 % zu rechnen (Varroa, Räuberei etc.). Wird diese Ausfallsquote allerdings durch selbstgezogene (selbsterzeugte) Bienenvölker ausgeglichen oder gar überschritten, kann von einem stabilen Betrieb bzw.

einem Wachstum ausgegangen werden. Da von einer längeren Verwendung der Bienenvölker ausgegangen wird, ist eine Aufteilung der Kaufkosten auf 10 Jahre analog zu den Fixkosten und der Kaufkosten der Beuten möglich. Dies ist allerdings nur bei einer sauberen Volkführung sowie regelmäßiger Erneuerung der Königin (wenn zugekauft wird, müssen diese Kosten in der Berechnung separat berücksichtigt werden) und gut angelegter Varroabekämpfung möglich.

Die Kosten für Winterfutter fallen deshalb an, da durch die Entnahme von Honig dem Bienenvolk der Wintervorrat entzogen worden ist. Durch das Füttern mit Zuckerwasser oder speziell dafür hergestellten Mitteln wird dieser Vorrat wieder aufgestockt. Die verbrauchte Menge kann in gleicher Höhe angenommen werden, wie der durchschnittliche Ertrag an Honig ist, in unserem Beispiel sind dies 15 kg Futter pro Volk und Jahr. Die Kosten für 1 kg Futter belaufen sich auf EUR 1,20, dadurch ergeben sich gesamt EUR 12,50 pro Volk und Jahr.

Für die Behandlung gegen die Varroamilbe gibt es verschiedene Methoden. In unserem Beispiel wird mit Hilfe von Api-Life-Streifen und Bienenwohl gegen die Varroamilbe vorgegangen. Beides ist über die Salzburger Imkergenossenschaft beziehbar. Pro Volk werden 2 Packungen ApiLife-Streifen á EUR 2,55 benötigt. Für Bienenwohl werden 20 g pro Volk und Jahr benötigt. Eine Packung mit 1.000 g kostet EUR 29,90. Daraus ergeben sich jährliche Kosten in der Höhe von EUR 5,70 pro Volk für die Varroabehandlung.

Fütterung der Bienen für den Winter: Je mehr Völker ein Imker hat, desto mehr Futter muss er bereitstellen.

EINFÜHRUNG EINER KALKULATION

ÜBERSICHT

PRAXISTIPP! Download der Kalkulation

Die in diesem Kapitel beschriebene Kalkulation steht dem Leser auch direkt über die Website des Leopold Stocker Verlages zur Verfügung und kann durch den auf S. 10 angeführten QR-Code bzw. Link dort abgerufen werden. Dadurch müssen nicht alle hier beschriebenen Arbeitsschritte selbst eingetippt werden, sondern können bequem übernommen werden. Wieso und warum etwas in der Kalkulation so angelegt worden ist, findet sich auf den folgenden Seiten.

Die Einführung einer Kalkulation in die Imkerei kann viele Vorteile nach sich ziehen. Man erhält einen Überblick über die gesamten Kosten, die erwarteten und erzielten Erträge und kann bereits die nächsten Jahre planen.

Um den gesamten Rechenwert zeitgemäß und schnell darzustellen, ist die Anwendung über ein Tabellenkalkulationsprogramm (Excel etc.) hilfreich. So kann schnell auf Änderungen der Preise, Erträge und Umwelteinflüsse eingegangen werden, ohne wieder ganz von vorne beginnen zu müssen.

Der Aufbau dieser Kalkulation über mehrere Registerblätter hinweg ist nur eine von vielen Varianten, wie man an die Sache herangehen kann. Ebenso können die Zusammensetzung und der Inhalt der einzelnen Tabellen von Imker zu Imker variieren und je nach Bedürfnissen und Wünschen des Imkers angepasst werden. Das folgende

PRAXISTIPP! Kalkulation in Excel

Auch für alle, die mit Excel wenig bis keine Erfahrungen haben, wird hier alles so erklärt, dass man eine einfache Kalkulation hinbekommt. So werden die wichtigsten Schritte in Excel in den jeweiligen Praxistipps thematisiert und erleichtern die Eingabe. Für Profis hingegen werden einige Erleichterungen (z. B. die Eingabe der Größe von Honiggläsern über ein Drop-down-Menü) aufgezeigt. Diese ermöglichen eine möglichst einfache und fehlerfreie Eingabe für die Erstellung von Szenarien und Planungen.

Beispiel ist nach vielen Stunden und hunderten Überarbeitungen entstanden und ist dennoch einem ständigen Wandel unterzogen, sodass es immer den einzelnen Bedürfnissen angepasst wird. Jedoch sind hier die wichtigsten Punkte enthalten und auch für Laien verständlich verpackt.

Natürlich kann man dieses gesamte Rechenwerk auch per Hand oder über viele andere Programme darstellen. Der Einfachheit halber wurde jedoch auf Excel zurückgegriffen, da dieses Programm in den allermeisten Haushalten vorhanden ist und so eine schnelle Aufarbeitung der Materie möglich ist.

Übersichtsblatt

Um eine Darstellung der gesamten Situation innerhalb des Betriebes zu haben, ohne über alle Daten im Detail Bescheid zu wissen, ist eine „Cockpitansicht" hilfreich. Hier können alle zentralen Angaben eingegeben werden und eine Übersicht über die wichtigsten wirtschaftlichen Kennzahlen erstellt werden. Darauf aufbauend wird in die genaue Planung und Berechnung verzweigt.

PRAXISTIPP! Wenige Daten

Ein besonderer Punkt im Management ist, dass man auf eine kleine Anzahl von Daten zurückgreifen muss, um Entscheidungen dennoch richtig zu treffen. Dies gilt auch für den Imker, der als Unternehmer seinen Betrieb effizient führen möchte.

Eine mögliche Einteilung finden Sie in untenstehender Tabelle (Excel-Screenshot 1).

	A	B	C
1	**Übersicht Bienenkalkulation**		
2			
3	Preis pro kg Honig	12,00	€ / kg
4	Anzahl Völker	10	Stk.
5	Durchschnittlicher Honig Ertrag	15	kg / Stock / Jahr
6	Glasgröße	0,25	kg
7	Anzahl Gläser gesamt	600	Gläser
8	Rückgabeanteil Gläser	33,00	%
9			
10	Fixkosten gesamt	50,00	€ / Jahr
11	Variable Kosten gesamt	984,01	€ / Jahr
12			
13	EBIT gesamt	2.665,99	€ / Jahr
14	EBIT / Stock	266,60	€ / Stock / Jahr
15	EBIT / Honigglas	1,28	€ / Glas
16	EBIT / kg Honig	5,11	€ / kg

Excel-Screenshot 1

Hier wurden als wichtigste Daten für die Eingabe festgelegt:

- Preis pro kg Honig
- Anzahl der Völker
- Durchschnittlicher Honigertrag pro Volk
- Größe des Honigglases (starke Auswirkung auf den Gewinn!)
- Rückgabeanteil der Gläser (wie viele Prozent können wiederverwendet werden und müssen nicht mehr neu angeschafft werden)

Des Weiteren haben wir in dieser Ansicht einige Kennzahlen eingeblendet, um auf den ersten Blick zu erkennen, welche Gewinne erzielt werden können. Hier wird das Wort Gewinne gleich mit der Kurzbezeichnung EBIT (Earnings before interests and taxes) gesetzt. Dies ist jedoch nur dann möglich, wenn keine Steuern auf den Ertrag zu entrichten sind und wenn keine Zinsen auf das aufgewendete Kapital verrechnet werden.

Als Auswahl, welche Daten eingeblendet werden, wurde hier festgelegt:

- Anzahl der benötigten Gläser (errechnet sich aus der Leistung der Bienenvölker und der Glasgröße)
- Fixe Kosten gesamt
- Variable Kosten gesamt
- EBIT/Gewinn des gesamten Betriebes
- EBIT/Gewinn pro Bienenstock
- EBIT/Gewinn pro Honigglas
- EBIT/Gewinn pro kg Honig

Diese Daten werden, abgesehen von der Anzahl der Gläser, nicht in diesem Tabellenblatt, sondern in einer ausführlichen „Bienenkalkulation" berechnet und hier nur eingeblendet. Dies spart Zeit, wenn man Änderungen in der Datenbasis (z. B. Anzahl der Bienenvölker, Glasgröße etc.) vornimmt, da alle Änderungen automatisch berücksichtigt werden und man keine Rücksicht darauf nehmen muss.

PRAXISTIPP! EBIT

Der Begriff EBIT kommt aus der US-amerikanischen Unternehmensführung und bedeutet Gewinn vor Steuern und Zinsen für Fremdkapital. Dieser Wert ist für die Berechnung deutlich einfacher zu handhaben, da weder die genaue Steuer noch die anfallenden Fremdkapitalzinsen (Sollzinsen bei Banken, Zinsen bei Crowdfunding etc.) präzise im Vorhinein bekannt sind.

PRAXISTIPP! Einfügen eines Wertes

Das Einfügen eines Wertes aus einem anderen Registerblatt (auch aus einer anderen Tabelle) geht ganz einfach. Dafür einfach die Zielzelle (die Zelle, in der der Wert angezeigt werden soll) markieren und ein „=" einfügen. Danach geht man auf die Zelle, in der der gewünschte Wert steht, und markiert diesen mit einem Mausklick. Durch Drücken der Entertaste bestätigt man die Eingabe und der Wert wird in der Zielzelle angezeigt.

Honigkalkulation

In einem neuen Tabellenblatt wurden die Kosten und Umsätze, die mit Honig als Hauptertragsanteil der Imkerei erwirtschaftet werden, aufgestellt und der daraus resultierende Gewinn errechnet. Diese Art der Kalkulation kann und sollte jedoch auch für andere Hauptertragsbringer angefertigt werden. Je nach Ausrichtung des Betriebes ist eine Anpassung notwendig.

Im ersten Block werden alle Kosten rund um den Honig aufgelistet. Die Kosten für Honig ergeben sich aus der „Bienenkalkulation“ und entsprechen wieder einer Verknüpfung, welche wir für die einzelnen Berechnungen auch in dieser Kalkulation brauchen.

Die Kosten für die Verpackung ergeben sich aus:

- Kosten Logo (auf dem Deckel)
- Kosten Etikett (auf dem Honigglas)
- Kosten Glas (je nach Größe angepasst)

Hier wurde jedoch mit einer Wenn-Dann-Sonst-Funktion der Preis für die Kosten des Honigglases hinterlegt. Somit bleibt eine händische Korrektur aus und durch die Änderung der Glasgröße im Übersichtsblatt ändern sich diese Werte auch in der Kalkulation. Hierfür wurden auch im unteren Bereich die einzelnen Größen und die Preise dafür aufgelistet. Diese Verpackungskosten werden wir anschließend auch in der „Bienenkalkulation“

	A	B	C	D	E	F	G
1	**Honigkalkulation**						
2	Kosten Honig	€ 6,89	pro kg				
3	Kosten Logo (auf Deckel)	€ 0,31	pro Logo				
4	Kosten Glas	€ 0,55	pro Glas				
5	Kosten Etikett	€ 0,41	pro Etikett				
6	Kosten Verpackung	€ 1,27	pro Glas				
7	Kosten pro Glas inkl. Honig	€ 2,99					
8							
9	Menge	600	Gläser á	0,25	ergibt	150,00	kg Honig
10							
11	Preis ohne Honig	€ 762,00					
12	Preis inkl. Honig	€ 1.034,01					
13	Preis pro Glas	€ 1,72					
14							
15	Verkaufspreis Honig pro kg	12,00	€ / kg	(Kosten für Glas sind hier bereits berücksichtigt)			
16	Verkaufspreis Honig je Glas	3,00	€ / Glas				
17							
18	EBIT je Glas	1,28	€ / Glas				
19	EBIT gesamt	765,99	€ / Jahr				
20							
21	Preise Honiggläser [EUR]	Größe [kg]					
22	0,55	0,25					
23	0,60	0,50					
24	0,70	1,00					

Excel-Screenshot 2

benötigen und verweisen dann auf diese Berechnungen.

PRAXISTIPP! Wenn-Dann-Funktion

Der Preis für die Honiggläser ändert sich auch mit deren Größe. Damit ändern sich allerdings auch die Kosten pro Glas. Das Einfügen einer Wenn-Dann-Sonst-Funktion löst dieses Problem und ist ganz einfach. Dafür markiert man die Zielzelle (Kosten Glas) und fügt eine WENN Funktion ein. Das Ergebnis sieht in unserem Falle wie folgt aus: =WENN (D10=B25;A25;WENN(D10=B26;A26;WENN(D10=B27;A27;D10*A27))).

Die Menge der Honiggläser ergibt sich aus der Honigmenge, geteilt durch die Größe der Honiggläser. Wenn man diese Anzahl der Gläser mit dem jeweiligen Preis der gesamten Verpackung hochrechnet, ergibt sich der Preis der gesamten benötigten Verpackungen inkl. Logo und Etikett. Dazu kommt jetzt noch der Preis des eigentlichen Produkts, des Honigs. Diesen beziehen wir, wie oben erwähnt, aus unserer eigentlichen „Bienenkalkulation" und multiplizieren ihn mit der gesamten Menge Honig, die erzeugt wird. In diesem Wert ist, wie bereits erwähnt, der Preis für die Gläser für die Verknüpfung zur „Bienenkalkulation" enthalten. Somit stellt dieser den Wert dar, den die Produktion und Verpackung des Honigs kostet. Dieser Wert kann natürlich wieder pro Glas berechnet werden.

Nachdem wir die Kostenseite beurteilt und berechnet haben, widmen wir uns jetzt auch den Erträgen und den hoffentlich vorhandenen Gewinnen. Diese Berechnung ist deutlich einfacher, da wir hier einen Verkaufspreis haben, welchen wir am Anfang bereits in unserem „Zahlencockpit" festgelegt haben. Dieser Kilopreis wird nun noch an die Größe des Glases angepasst.

Ziehen wir jetzt die Kosten pro Glas vom Verkaufspreis ab, erhalten wir den Ertrag vor Steuern und Zinsen (EBIT), welcher gleich dem Gewinn ist, solange keine Steuern und Zinsen bezahlt werden müssen. Damit haben wir einen der wichtigsten Werte bereits herausgearbeitet. Über das EBIT kann gut beurteilt werden, welchen Beitrag die Imkerei zu den sonstigen Einkommen des Imkers liefert. In unserem Beispiel mit drei Ertragsbienenvölkern ergibt sich ein Gewinn von EUR 267,61. Für ein Hobby ist der zusätzliche Ertrag beachtlich, zum Leben ist es jedoch deutlich zu wenig. Mit ein wenig Spielerei kann man herausfinden, wie groß der Betrieb tatsächlich sein müsste, um davon leben zu können.

Bienenkalkulation

Die Bienenkalkulation ist das Herzstück der gesamten Berechnung. Hier laufen

Das eigentliche Herzstück der Imkerei: die Bienenvölker

Endlich fließt Hoing und das Geldverdienen kann beginnen.

alle Erträge sowie alle Kosten zusammen. Ebenfalls wird hier mit den Arbeitszeiten hantiert und die erzielten Erträge damit in Relation gebracht. Angelehnt an die vorherigen Tabellenblätter ist auch hier der Bereich in Kosten und Erträge gegliedert. Folgend werden diese einzelnen Punkte der Kalkulation aufgelistet und beschrieben.

Kosten

Die fixen Kosten, welche entstehen können, belaufen sich in unserem Beispiel auf die zu bezahlende Pacht für den Standplatz der Bienen und das Zubehör, welches einmalig angeschafft werden soll. Diese Kosten können auf die Lebensdauer des Zubehörs aufgeteilt werden, um einen geglätteten Preis bzw. Aufwand zu verbuchen. Ansonsten wäre das erste Jahr mit deutlich höheren Kosten belastet und die folgenden gar nicht mehr. Daher spiegelt diese Aufteilung die Wirklichkeit besser wider.

Neben den fixen Ausgaben werden in dieser Kalkulation auch die variablen Kosten hereingenommen. Begonnen wird bei den Kaufkosten für die Bienen und die Beuten. Der Kaufpreis einer gesamten Beute inkl. Rähmchen mit Wachs und einer optionalen Futterzarge wird in diesem Beispiel mit EUR 150,- pro Stück angesetzt. Damit kann sowohl eine Styroporbeute als auch eine aus Holz relativ gut abgedeckt werden. Um eine Gesamtbelastung darzustellen, wird durch die Angabe aller Bienenvölker der Kaufpreis auf die gesamte Imkerei hochgerechnet.

Die Anschaffung der Bienen an sich schlägt ebenfalls noch einmal zu Buche. Die einzelnen Parameter, welche sich auf den Kaufpreis auswirken, wurden bereits etwas weiter vorne thematisiert. Mit einem Preis von EUR 125,- sind wir in unserem Beispiel auf der sicheren Seite.

Verschiedene Rähmchenformate: Deutsch Normalmaß (links) und Dadant Blatt (rechts)

	A	B	C
1	**FIXE AUSGABEN**		
2	Pacht	-	€ / Jahr
3	Preis Zubehör einmalig (Schleuder, etc.)	500,00	€
4	Anteilige Kosten Zubehör / Jahr	50,00	€
5	Aufteilung auf Jahre	10	Jahre
6	**Fixe Ausgaben gesamt:**	**50,00**	
7			
8	**VARIABLE AUSGABEN**		
9	Kaufpreis Beuten (inkl Rähmchen) gesamt	1.500,00	€
10	Kaufpreis Beute (inkl Rähmchen)	150,00	€
11	Aufteilung Beuten auf	10	Jahre
12	Anteilige Kaufkosten	150,00	€ / Jahr
13	Anteilige Kaufkosten pro Volk	15,00	€ / Jahr / Volk
14			
15	Kauf Bienen:		
16	Preis pro Bienenstock	125,00	€ / Volk
17	Preis Bienen gesamt	1.250,00	€
18	Anteilige Kaufkosten Bienen	125,00	€
19	Anteilige Kaufkosten Bienen pro Volk	12,50	€ / Volk
20			
21	Futter:		
22	Futterverbrauch je Bienenstock / Jahr	12	kg Zucker
23	Kosten Futter	1,20	€ / kg
24	Menge Futter gesamt	120,00	kg
25			
26	Kosten Futter / Stock / Jahr	14,40	€ / Stock / Jahr
27			
28	Varroabehandlung:		
29			
30	Api-Life-Streifen / Volk	2	Stk.
31	Kosten Api-Life-Streifen	2,55	€
32	Bienenwohl / Volk	0,02	kg
33	Kosten Bienenwohl	29,90	€ / 1000g
34			
35	Kosten Varroabehandlung / Stock / Jahr	5,70	€ / Stock / Jahr
36			
37	Kosten Verpackung	1,27	€ / Glas
38	Glasgröße (Durchschnitt)	0,25	kg
39	Kosten Verpackung gesamt pro Volk / Jahr	76,20	€ / Stock / Jahr
40	Rückgabeanteil Verpackung	33,33	%
41	Kostenersparnis pro Volk / Jahr	25,40	€ / Stock / Jahr
42			
43	**Variable Kosten gesamt**	98,40	€ / Stock / Jahr

Excel-Screenshot 3

Propolis zur Auflösung in Alkohol

Analog zum Zubehör können auch die Beuten und die Bienenvölker auf einige Jahre aufgeteilt werden. Damit ergibt sich in der Kalkulation eine gleichmäßige Verteilung der Kosten. Somit ergibt sich eine jährliche Belastung für die Anschaffung der Beuten und Bienen von EUR 15,- und EUR 12,50 pro Volk. Gesamt ergibt das im Berechnungsbeispiel eine gesamte Belastung für die Anschaffung von EUR 82,50.

Zusätzlich zu den erwähnten fixen Kosten werden hier auch die variablen Kosten berücksichtigt. Um das Volk gut über den Winter zu bringen, benötigt es genügend Futter. Da wir den Honig bereits im Sommer entnehmen, bleiben den Bienen kaum noch Reserven über und sie würden verhungern. Dies kann vermieden werden, indem das Volk nach der Honigernte zugefüttert wird. Dafür gibt es verschiedene Möglichkeiten, entweder greift man auf fertige Produkte zurück (bei größeren Mengen interessanter, da die Handhabbarkeit sich deutlich erhöht) oder man rührt selbst Zucker und Wasser zusammen und verfüttert diese Flüssigkeit, wie in unserem Rechenbeispiel. Da 15 kg Honig entnommen werden, wird auch ungefähr diese Menge benötigt, um die Futterreserven wieder aufzufüllen. Da noch ein wenig Honig gesammelt wird und einige Reserven vorhanden bleiben, wird angenommen, dass nur 12 kg Zucker (in Form von Zuckerwasser) zugesetzt werden muss. Bei Kosten von EUR 1,20 für das Kilo Normalzucker (Achtung bei Bio-Zertifizierung: hier muss Bio-Zucker verwendet werden, was wiederum höhere Kosten zu Buche schlagen lässt) ergibt sich für ein Bienenvolk EUR 14,40 pro Volk und Jahr.

Die Varroabehandlung fällt ebenfalls in die Kategorie der variablen Kosten. Diese lässt sich durch sehr viele verschiedene Varianten durchführen, welche alle unterschiedliche Kosten verursachen. Die Aufteilung der Kosten erfolgt jedoch überall sehr ähnlich und weicht nur gering von der Behandlung mit Thymol – in Form von Api-Life-Streifen – und der Zusatzbehandlung mit Bienenwohl ab. Diese Kosten werden wieder pro Jahr und Stock definiert, was die Hochrechnung über die Anzahl der Bienenvölker ermöglicht. Gesamt kommen wir bei der im Beispiel verwendeten Variante auf EUR 5,70 pro Jahr und Volk.

Neben den Kosten für die Krankheitsbehandlung und das Winterfutter werden auch die Kosten für die Verpackung der Produkte den variablen Kosten zugerechnet, da die Honigproduktion mit steigender Anzahl an Völkern (hoffentlich) zunimmt und der gewonnene Honig abgepackt werden muss, um verkauft werden zu können. Hier greifen wir auf das Registerblatt „Honigkalkulation" zurück, in dem die Kosten für die gesamte Verpackung mit EUR 1,32 pro Glas (in diesem Fall 0,50 kg) anfallen. Hochgerechnet auf die erzeugte Menge von 15 kg ergeben sich Kosten von EUR 39,60 allein für die Verpackung. Da jedoch viele Imker, besonders im kleinen Bereich, in dem eine regionale Vermarktung gut funktioniert, einen Teil der Honiggläser wieder zurückbekommen, wird dies ebenfalls berücksichtigt. Im konkreten Beispiel wird damit 1/3 der gesamten Verpackungskosten eingespart.

In manchen Betrieben können noch weitere variable Kosten anfallen, wie zum Beispiel Kosten in Verbindung von Wanderimkerei (welche zum Teil variabel ist, genauer gesagt sprungfix, da beim Überspringen eine bestimmte Anzahl von Völkern z. B. ein neuer Anhänger erworben werden muss und nicht anteilig für jedes Volk einer gekauft werden kann) oder ähnliche Variablen. Macht man nun einen Strich unter alle Kosten und addiert diese, ergibt dies die jährlich anfallenden Kosten. Diese müssen noch auf die Anzahl der Bienenstöcke hochgerechnet werden und ergeben damit die gesamten variablen Kosten, welche pro Jahr anfallen. Zu beachten gilt hier noch, dass bei allen Kosten, die zur Gesamtsumme zusammengefasst werden, immer die gleiche Einheit (z. B. pro Jahr und Volk) Verwendung findet, da ansonsten das Ergebnis falsch ist!

Gut gesichert: Dieser Imker hat seine Bienen und somit sein Kapital gut beschützt.

Einnahmen

Zum Glück gibt es neben den Kosten in der Imkerei auch Erträge. Und diese können aus den verschiedensten Quellen stammen, je nach Ausrichtung des Betriebs. Ob diese aus der Erzeugung von Honig und Pollen, dem Verkauf von Völkern und Königinnen oder aus den verarbeiteten Produkten, wie Bienenwachskerzen, stammen, sie werden alle gleich berechnet und fließen aliquot in die Berechnung der Deckungsbeiträge mit ein.

Vorweg wird überprüft, ob mit den einzelnen Produkten überhaupt positive Erträge/Deckungsbeiträge erwirtschaftet werden. Falls dies nicht der Fall ist, sollte die Produktion dieser Produkte umgehend eingestellt werden, da pro erzeugter Einheit der Verlust steigt. Allerding gibt es bei der Imkerei auch so genannte Kuppelprodukte, welche immer erzeugt werden, auch wenn der Betrieb für diese keine speziellen Maßnahmen setzt. Ein solches Beispiel ist das Wachs der Bienen. Die Bienen produzieren es, egal ob man Honig produziert oder Völker für den Verkauf züchtet. In solchen Fällen kann die Produktion nicht eingestellt werden und alle Produkte, welche nicht getrennt voneinander produziert werden können, müssen zu einem gesamten Ertrag summiert werden, um von diesem die variablen Kosten abzuziehen. Damit ergibt sich ein Deckungsbeitrag, welcher sich auf den Betrieb bezieht und nicht mehr auf das einzelne Produkt.

	A	B	C
1	**Einnahmen Honigverkauf**		
2	Menge Honig	150	kg / Jahr
3	Durchschnittlicher Ertrag	15	kg / Jahr
4	Preis pro kg	12,00	€
5			
6	Einnahmen gesamt:	1.800,00	€ / Jahr
7			
8	**Deckungsbeitrag Honig [kg]**		
9	Einnahmen	1.800,00	€ / Jahr
10	variable Ausgaben	984,01	€ / Jahr
11	Deckungsbeitrag / Jahr	815,99	€ / Jahr

Excel-Screenshot 4

	A	B	C
1	**Einnahmen Wachs**		
2	Menge Wachs	20	kg / Jahr
3	Durchschnittlicher Ertrag	2	kg / Jahr
4	Preis pro kg	5,00	€
5			
6	Einnahmen gesamt:	100,00	€ / Jahr
7			
8	**Deckungsbeitrag Wachs [kg]**		
9	Einnahmen	100,00	€ / Jahr
10	variable Ausgaben	984,01	€ / Jahr
11	Deckungsbeitrag / Jahr	-884,01	€ / Jahr

Excel-Screenshot 5

Als Beispiel sei hier die Produktion von Honig und Wachs angeführt. Bienen produzieren sowohl Wachs als auch Honig zur gleichen Zeit und beide Produkte fallen in der Imkerei an. Im ersten Schritt wird der Ertrag der einzelnen Produkte berechnet, indem man die erzeugte (geschätzte oder tatsächliche) Menge pro Volk mit der Anzahl der Völker multipliziert und diese Gesamtmenge mit dem Verkaufspreis hochrechnet.

Um zu sehen, welches Produkt wirklich, für sich gesehen, Ertrag erwirtschaften kann, wird jeweils die Deckungsbeitragsrechnung durchgeführt. Hier lässt sich in unserem Beispiel auch erkennen, dass sich die Produktion des Honigs alleine bereits rechnet und einen positiven DB abwirft, die Erzeugung von Wachs alleine bringt dagegen einen negativen Beitrag. Da der Verkauf von beiden jedoch gemeinsam die Kosten des Betriebs trägt, wird eine gemeinsame/konsolidierte Deckungsbeitragsrechnung durchgeführt und alle Einnahmen den variablen Kosten gegenübergestellt.

Gibt es bei einzelnen Produkten genau zurechenbare variable Kosten, wie zum Beispiel eine gesonderte Verpackung, separate Werkzeuge, die für die Erzeugung eines Produktes notwendig sind, oder Logistikkosten, die genau einem Produkt zugeordnet werden können, müssen diese Kosten den jeweiligen Einnahmen in Abzug gebracht werden, um den richtigen Deckungsbeitrag errechnen zu können. Als Beispiel kann hier die Gewinnung von Pollen genannt werden. Ich benötige weder den Zucker für das Winterfutter noch Gläser für den Honig, nur eine Pollenfalle. Die Kosten für diese Pollenfalle sind jedoch direkt dem Produkt Blütenpollen zuordenbar.

Der gesamte Deckungsbeitrag ist jener Betrag, der für die Abdeckung der fixen Kosten herangezogen werden kann. Ist nach Abzug dieser Fixkosten vom gesamten Deckungsbeitrag ein positives Ergebnis übrig, erzielt der Betrieb einen Gewinn (vor Steuern); ist das Ergebnis negativ, hat der Betrieb einen Verlust erwirtschaftet.

Als kleine Spielerei und zur Verdeutlichung der Gewinne und Verluste kann man dieses Betriebsergebnis von Jah-

	A	B	C
1	**Deckungsbeitrag gesamt:**		
2	Einnahmen	3.700,00	€ / Jahr
3	variable Ausgaben	984,01	€ / Jahr
4	Deckungsbeitrag / Jahr	2.715,99	€ / Jahr
5			
6	**Abdeckung der Fixkosten gesamt:**		
7	Ertrag ohne Fixkosten / Jahr	2.715,99	€ / Jahr
8	Fixkosten gesamt	50,00	€ / Jahr
9	Jahre bis Fixkosten gedeckt	0,02	Jahre
10			
11	**Ertrag pro Jahr gesamt:**		
12	Ertrag inkl Fixkosten / Jahr		€ / Jahr
13	Ertrag inkl Fixkosten / Monat	222,17	€ / Monat
14	Ertrag inkl Fixkosten / Tag	7,30	€ / Tag

Excel-Screenshot 6

resergebnissen auf Monats- und Tagesbasis herunterbrechen und sieht so, was man im Monat bzw. am Tag verdient. Bei den drei Bienenvölkern des Berechnungsbeispiels ergeben sich so pro Jahr EUR 298,-, was EUR 24,83 im Monat und wiederum EUR 0,82 am Tag ergibt.

Arbeitszeit

Die Bienenhaltung ist auch mit Arbeit verbunden. Neben der körperlichen Komponente spielt auch die zeitliche eine immer größere Rolle. Würde man für die Arbeit an den Bienenstöcken jemanden anstellen, ist mit relativ hohen Kosten zu rechnen. Neben dem Lohn, die der Imker ausbezahlt bekommt, fallen noch Steuern, Abgaben und Versicherungen an. Daher optimieren alle größeren Imkereien diese Arbeitszeit und versuchen, hier Kosten zu sparen.

Bei Imkern, welche die Bienen nur als Freizeitbeschäftigung oder im Nebenerwerb halten, spielt die eingesetzte Zeit weniger eine finanzielle Rolle als bei großen Betrieben. Für Imker in kleinen Betrieben stellt die Zeit oft eine äußerst begrenzte Ressource dar, da das Lebenseinkommen durch andere Tätigkeiten verdient werden muss.

Um einen Überblick über die eingesetzte Zeit zu haben und einen Stundenlohn be-

	A	B	C
1	**Arbeitszeit**		
2	Gesamte Arbeitszeit	64,62	Minuten / Woche
3	variabler Anteil der Arbeitszeit	34,62	Minuten / Woche
4	variable Arbeitszeit pro Volk	3,46	Minuten / Woche / Volk
5	fixe Arbeitszeit	30,00	Minuten / Woche
6	Anzahl Öffnungen Stock	9	Öffnungen / Jahr
7	Durchschnittliche Dauer Öffnung	20,00	Minuten / Öffnung
8	Gesamte Dauer Öffnungen Stock / Jahr	180,00	Minuten / Jahr

Excel-Screenshot 7

rechnen zu können, gibt es auch die Möglichkeit, in der Kalkulation die Arbeitszeit zu berechnen. Analog zu den Kosten gibt es fixe und variable Zeiten. So ist die Vorbereitung (Anmachen des Smokers, Anziehen des Imkeranzugs, Beobachtungen am Flugloch etc.) fix, die Bearbeitung des Volkes selbst ist hingegen variabel. Am Beispiel einer großen Imkerei im Raum Wien sehen wir, dass eine Bearbeitung mit 9 Öffnungen eines jeden Bienenvolkes (inkl. Honigentnahme und Fütterung) möglich ist. Diese Anzahl der Öffnungen wird so auch im Berechnungsbeispiel herangezogen, da ein erfahrener Imker mit diesen Bearbeitungsmöglichkeiten ebenfalls auskommen wird. So ergibt sich eine direkte Bearbeitungszeit der Bienenvölker, bei einer Bearbeitungsdauer von 20 Minuten pro Öffnung, insgesamt 180 Minuten variable Zeit. Runtergebrochen auf 52 Wochen ergibt sich eine Zeit von 3,46 Minuten pro Volk und Woche.

Diese Zeit wiederum muss hochgerechnet werden auf die gesamte Anzahl der Völker. Zu dieser variablen Zeit wird die fixe Arbeitszeit hinzugezählt. Somit ergibt sich eine gesamte Arbeitszeit pro Woche in der Höhe von rund 40 min. Um einen Stundenlohn berechnen zu können, zieht man nun die Einnahmen pro Woche heran und dividiert diese durch der Arbeitszeit. Im konkreten Beispiel ergibt sich ein Stundenlohn von EUR 8,49 pro Stunde. Hiervon müssen jedoch noch Steuern, Sozialversicherungen und Abgaben abgezogen werden, um wirklich auf einen Nettostundenlohn zu kommen.

PRODUKTKALKULATION – WAS DARF WAS KOSTEN?

An den folgenden Beispielen soll ganz konkret aufgezeigt werden, wie einfach die Berechnung von Preisen, Deckungsbeiträgen etc. sein kann. Doch nicht nur die Berechnung ist hier ausschlaggebend, besonders auf die Interpretation der Werte kommt es an. Es wird wenig bringen, wenn man die besten und ausgeklügeltsten Kalkulationen vorweisen kann, wenn man nicht damit umzugehen weiß.

PRAXISTIPP! Entscheidungshilfe Kalkulation

Produktkalkulationen können eine gute Entscheidungshilfe sein, ob sich die Einführung von neuen Themen rentiert oder ob man sich lieber auf bestehende Bereiche konzentrieren soll.

In der Betriebswirtschaft wird generell versucht, mit minimalem Input ein Maximum an Output zu erzeugen.

Für die Bienen bedeutet dies, mit möglichst wenig Arbeit und wenig eingesetztem Kapital dennoch hohe Gewinne einzufahren. Wie das geht bzw. an welchen „Stellschrauben“ man als Imker drehen kann, ist ebenfalls Teil der folgenden Beispiele, welche sich noch ins Unendliche fortführen lassen könnten. Diese Berechnungen inkl. der Interpretationen ist nur eine Richtschnur. Jeder Imker hat andere Faktoren zu berücksichtigen und interpretiert die Ergebnisse etwas anders. Dieser Freiraum ist besonders dafür geeignet, das unternehmerische Können unter Beweis zu stellen.

Drahtet man seine Rähmchen selbst, spart man Geld, braucht dafür aber einiges an Zeit. Hier gilt es abzuwiegen, was wirtschaftlich sinnvoller ist.

Zucht von Königinnen und Verkauf

Die Zucht von Königinnen kann sowohl für den Eigenbedarf als auch für den Verkauf erfolgen. Da die Erzeugung des „Produktes" Königin deutlich von den anderen Produkten abgegrenzt werden kann, ist die Berechnung der Deckungsbeiträge ganz deutlich durchführbar und muss nicht oder nur zum Teil um die Gesamtkosten der Bienenhaltung bereinigt werden.

Für die Königinnenzucht werden eigene Materialien (Zuchtrahmen, Zuchtstopfen, Wachsnäpfchen, Umlarvlöffel, Käfige für den Schlupf und anschließenden Verkauf sowie viel Geduld und Erfahrung) benötigt. Da diese Apparate nur für die Zucht von Königinnen herangezogen werden, können auch die Kosten dafür direkt der „Kostenstelle" Königinnenzucht zugeordnet werden. Damit weiß man genau, welchen Kapitaleinsatz man dafür getätigt hat, und kann die Gewinne direkt gegenbuchen. Vergleicht man die Kosten für diese Gegenstände mit den aktuellen Marktpreisen ergibt sich folgende Kostenaufstellung:

Material	Preis pro Stück	Anzahl	Preis gesamt
Zuchtrahmen	7,40 €	1	7,40 €
Zuchtstopfen	0,50 €	22	11,00 €
Wachsnäpfchen	0,07 €	22	1,54 €
Umlarvlöffel	6,80 €	1	6,80 €
Zusetzkäfig	3,40 €	22	74,80 €
Belegkästen	27,50 €	22	605,00 €
		Summe	**706,54 €**

In Summe sind also rund EUR 700,- für den Beginn einer Königinnenzucht zu investieren. Mit dieser Investition sind bereits für die folgenden Jahre alle Materialien angeschafft worden, welche wiederverwendet werden können, mit der Ausnahme der

Die Königin mit einem weißen Punkt stammt aus dem Jahr 2016.

Wachsnäpfchen, die jedes Jahr neu benötigt werden. Verteilt man diese fixen Kosten auf eine Laufzeit von 10 Jahren (danach wird angenommen, dass eine Erneuerung notwendig ist) ergeben sich rund EUR 70,- Kosten pro Jahr. Natürlich kann auch nur ein geringerer Teil angekauft werden und an den Bedarf des Züchters angepasst werden. Um jedoch eine Gewinnmaximierung zu erreichen, wird angenommen, dass jeder Zuchtstopfen auch eine Königin hervorbringt.

Aufteilung der Kosten	Jahre	Kosten pro Jahr
706,54 €	10	70,65 €

PRAXISTIPP! Anschaffungskosten

Die Kosten für Anschaffungen sollten nur auf den Zeitraum aufgeteilt werden, solange die Hilfs- und Betriebsmittel auch in der Imkerei verwendet werden können. So macht es keinen Sinn, eine Schleuder, die nach 15 Jahren kaputt ist, auf 30 Jahre aufzuteilen, da die Lebensdauer deutlich geringer ist. Vorsichtige Schätzungen sind daher besonders wichtig, da diese Werte den endgültigen Wert stark beeinflussen werden. Falls keine Informationen über die Lebensdauer diverser Gerätschaften vorliegen, empfiehlt es sich, erfahrene Imker um Rat zu bitten.

Als variable Kosten können neben den Wachsnäpfchen noch Kosten für eine künstliche Besamung oder die Belegstelle anfallen. Je nachdem, welchen Anspruch der Imker hat, können die Königinnen direkt am eigenen Stand begattet werden, bei speziellen Linien oder um den Zuchterfolg zu erhöhen, empfiehlt es sich jedoch, ein paar Euro in die Hand zu nehmen und eine Belegstelle aufzusuchen oder bei speziellen Züchtungen auch eine künstliche Besamung durchzuführen. Die Kosten bei einer Belegstelle belaufen sich auf rund EUR 5,- bis 10,- pro Begattungskästchen. In Summe ergibt sich so ein Betrag von im Schnitt rund EUR 150,-.

Auf der Seite der Gewinne schlagen dann die Verkaufserlöse aus den Königinnen zu Buche. Je nach Qualität der Tiere, der Rasse und der Art der Besamung können die Preise deutlich variieren. Für eine belegstellenbegattete Königin der in Salzburg und Tirol ansässigen schwarzen Biene (vom Aussterben bedrohte Tierart mit nur mehr 1.200 Völkern auf der gesamten Welt) wird im Schnitt ein Preis von EUR 30,- pro Königin verrechnet. Dies ist jedoch nur aufgrund deren Seltenheit möglich. Für eine Königin derselben Qualität in der Rasse Carnica oder Buckfast sind rund EUR 20,- zu veranschlagen. Die Preise sind jedoch von Region zu Region deutlich unterschiedlich. Leider wird, trotz des Versuches der Gewinnmaximierung, nicht 100 % der angesetzten Weiselzellen zu einer Königin heranwachsen. Geht man von einem Schnitt von 50 % aus, werden pro Jahr 11 Königinnen herangezogen (bei mehrmaligen Durchgängen können es auch mehr sein). Zieht man einen Verkaufserlös von EUR 25,- heran (diese Preise sind über die letzten 20 Jahre sehr stabil geblieben) ergibt sich so ein Umsatz von EUR 275,- pro Jahr.

Bezeichnung	Ertrag pro Stück	Anzahl	Ertrag pro Jahr
Königin	25,00 €	11	275,00 €

Stellt man nun die Kosten und die Erträge in Relation ergibt sich folgendes Bild:

Berechnung Gewinn

Kosten pro Jahr	70,65 €
Ertrag pro Jahr	275,00 €
Gewinn pro Jahr	**204,35 €**

Im Verhältnis zum eingesetzten Kapital ergibt sich somit eine gute Relation. Nach nur 3,5 Jahren sind die Kosten komplett gedeckt und die nächsten 6,5 Jahre dienen dem Imker als Gewinn. In diesem Beispiel muss natürlich angeführt werden, dass dieser Gewinn nur möglich ist, wenn man überhaupt Bienen hält. Die Kosten für die generelle Bienenhaltung werden in einem zweiten gesonderten Schritt herausgerechnet. Der hier errechnete Deckungsbeitrag wird somit um die Fixkosten der gesamten Imkerei und durch die variablen Kosten, welche nicht direkt einem Produkt zugerechnet werden können, bereinigt.

Bei dieser Betrachtung muss jedoch darauf geachtet werden, dass man entweder einen Verteilungsschlüssel anwendet oder nur eine Berechnung anstellt, wenn alle Produkterträge summiert werden und damit der Deckungsbeitrag für den gesamten Betrieb errechnet wird. Den Verteilungsschlüssel kann der Imker natürlich selbst festlegen. Dabei gibt es allerdings verschiedene Herangehensweisen. Eine Möglichkeit ist hier, die Kosten über den Umsatz aufzuteilen; sprich, wenn man mit der Imkerei EUR 1.000,- umsetzt und davon kommen EUR 200,- aus der Königinnenzucht, dann werden die Kosten der gesamten Imkerei auch zu 20 % auf die Königinnenzucht dazugeschlagen. Andere Werte als Basis für den Verteilungsschlüssel können individu-

Zum Einfangen eines Schwarms wird oft eine eigene Schwarmfangbox verwendet.

ell gefunden werden, müssen jedoch auf die gesamte Imkerei umlegbar sein.

PRAXISTIPP! Deckungsbeitragsrechnung

Die hier beschriebene Vorgehensweise entspricht der gängigen Deckungsbeitragsrechnung. In einem ersten Schritt werden vom Ertrag die variablen Kosten des zu berechnenden Produkts abgezogen, in einem zweiten die allgemeinen Kosten der Imkerei. Da in diesem Fall ohnedies eine Imkerei betrieben wird, ist es jedoch nur ausschlaggebend, dass das Produkt an sich positiv ist und somit den gesamten Betrieb mitfinanziert.

Bienenschwarm: Nach dem Einfangen kommen alle entwischten Bienen zurück zur Königin.

Die Gewinnung von Pollen – ein Trend?

Ähnlich wie bei der Zucht von Königinnen, ist es auch bei der Gewinnung von Pollen möglich, die damit direkt im Zusammenhang stehenden Kosten festzustellen. Daher ist eine genauere Betrachtung der Ertragsstruktur hier gut möglich.

Pollen sind ein so genanntes Superfood. Sie liefern eine Menge Energie und dienen nicht nur den Bienen, sondern auch dem Menschen als stärkendes Nahrungsmittel. In den letzten Jahren hat der Trend zu diesem Superfood und der bewussten Nutzung von natürlichen Produkten in diesem Bereich spürbar zugenommen. Aber dennoch nutzen nur die wenigsten Imker diese Chance. Eine genauere Analyse der Kosten- und Ertragsstrukturen könnte vielleicht den einen oder anderen dazu bewegen, sich näher mit der Thematik zu beschäftigen und selbst in diesen Markt einzusteigen. Damit würden zukünftige Gewinne bereits heute erkannt werden und man hat später durch die längere Vorbereitungszeit und Markeinführungsphase eine bessere Positionierung am Markt selbst.

PRAXISTIPP! Sortimentserweiterung

Durch die Einführung von Pollen ergibt sich eine Sortimentserweiterung, welche der Imkerei neue Kunden bescheren kann. Ein breiteres Sortiment spricht mehr Kunden an, bedeutet allerdings auch mehr Kosten und mehr Risiko über die Abnahme der Produkte. Entscheiden Sie selbst, ob Chancen und Risiko in einem optimalen Verhältnis stehen; das Verhältnis von Ertrag und Kosten liefert die Produktkalkulation.

Generell ist die Gewinnung von Pollen eine recht einfache Tätigkeit. Dafür muss nur eine Pollenfalle vor dem Flugloch montiert werden und die gewonnenen Pollen täglich abgesammelt werden. Diese werden noch

Anzahl Bienenvölker	Menge Pollen pro Volk	Menge gesamt pro Jahr	Kosten pro kg Pollen	Fixkosten pro Jahr	Kosten gesamt pro Jahr
10 Stk.	4 kg	40 kg	EUR 5,08	EUR 30,-	EUR 233,20

gereinigt und getrocknet und können dann auch schon verpackt werden. Entweder man füllt die Pollen in Honiggläser ab, verpackt sie in Plastiktüten oder man ist kreativ und greift auf andere Möglichkeiten zurück.

Für die Anschaffung einer solchen Pollenfalle wird man im Bereich von EUR 15,- bis zu EUR 50,- liegen. Dafür ist diese Anschaffung einmalig und kann wieder auf mehrere Jahre verteilt werden. Ansonsten ist für die Pollengewinnung kein weiteres Hilfsmittel nötig und alle Fixkosten sind mit der Anschaffung der Pollenfalle getätigt. Bei einer Imkerei mit 10 Bienenvölkern ergibt sich so eine Investitionssumme von ca. EUR 300,- (Durchschnittspreis). Analog zu den Utensilien, die bei der Königinnenzucht benötigt werden, kann auch dieses Werkzeug

Blick ins Bienenvolk: Mit eindruckvollen Aufnahmen kann man viele Menschen begeistern.

auf 10 Jahre abgeschrieben und die Kosten damit gleichmäßig verteilt werden. Somit ergibt sich ein Fixkostenanteil von EUR 30,- pro Jahr für 10 Pollenfallen.

Durch die Herstellungsart von Pollen fallen keine zusätzlichen Kosten für die Gewinnung an. Für die Verpackung hingegen muss pro Einheit ein Betrag X berechnet werden. Je nach Art und Weise der Verpackung kann dies von wenigen Cent pro Kilogramm bis hin zu ein paar Euro für die gleiche Menge reichen. Die einfachste und kostengünstigste Variante ist die Verpackung in Beuteln aus Plastik. Diese werden, wie etwa ein Honigglas, auch mit einem Aufkleber versehen, welcher alle notwendigen Informationen beinhaltet. Je wertiger das Produkt jedoch sein sollte, desto eher greift man auch zu einer hochwertigeren Verpackung. Darunter fällt auch die Verpackung in Honiggläsern. Hier können wir wieder auf den Werten aus der Honigkalkulation aufbauen. Die Kosten für die Verpackung (Glas, Deckel, Etikett etc.) beliefen sich hier auf EUR 1,32 pro ½-kg-Glas und EUR 1,27 pro ¼-kg-Glas. Da Pollen eher ein exklusiveres Produkt sind und nicht auf große Masse wert gelegt wird, ist eine Verpackung in Gläsern von ¼ kg (oder noch kleineren) anzudenken. Die variablen Kosten belaufen sich somit auf EUR 5,08 pro kg.

In der Literatur werden verschiedenste Angaben über die Mengen, welche ein Volk produzieren kann, gemacht. Diese reichen von einigen Gramm pro Tag bis zu 600 Gramm im gleichen Zeitraum. Als

Anzahl Bienen-völker	Menge Pollen pro Volk	Menge gesamt pro Jahr	Umsatz pro kg Pollen	Umsatz gesamt pro Jahr
10 Stk.	4 kg	40 kg	EUR 45,-	EUR 1.800,-

gängigste Angabe, welche auch in allen deutschsprachigen Regionen erzielt werden kann, finden sich 250 Gramm pro Tag. Diese Menge entspricht 17.000 Sammelflügen der Bienen. Jährlich kann mit einer Menge von 2 bis 8 kg gerechnet werden. Dies ist jedoch, wie die Gewinnung des Honigs, sehr stark von der Witterung und den Trachtverhältnissen abhängig. Für die weitere Kalkulation wird der durchschnittliche Wert von 4 kg pro Volk und Jahr herangezogen. Bei unserem Berechnungsbeispiel ergeben sich somit gesamt 40 kg Pollen pro Jahr.

Die erzielbaren Preise für Pollen schwanken durchaus von Region zu Region und von Jahr zu Jahr, oft sogar erheblich. Wenn man den Absatzweg über den direkten Konsumenten nimmt, ist man von diesen Preisschwankungen oft weniger stark abhängig, als wenn man das Produkt über einen Großhändler oder das verarbeitende Gewerbe vertreibt. Die Vermarktung über den Großhändler bzw. an einen verarbeitenden Betrieb hat jedoch den Vorteil, dass man große Mengen auf einmal umsetzen kann und sofort Geld in der Tasche hat. Damit entfällt das Risiko, auf der Ware sitzen zu bleiben und überhaupt kein Geld dafür zu bekommen. In der aktuellen Marktlage dürfte es aufgrund der noch eher geringen Produktionsmengen allerdings möglich sein, die Produkte über den Direktvertrieb abzusetzen. So können für den Imker zufriedenstellende Preise erzielt werden und man erzielt einen hohen Deckungsbeitrag. Die aktuellen Preise für Pollen liegen in der Grenzregion Bayern/Österreich bei ca. EUR 12,- für 250 g oder EUR 45,- pro kg. Diese Preise können jedoch nach oben und unten schwanken und sind stark von der Qualität abhängig. Bio-Produkte können auch hier einen deutlichen Mehrertrag erzielen, wohingegen schlechte Qualitäten deutliche Abschläge hinnehmen müssen. Gesamt ergibt sich also folgendes Bild:

Zieht man nun die Kosten der Herstellung (sowohl variable als auch die fixen Kosten) vom Umsatz ab, ergibt sich der Gewinn. Die Relation von eingesetztem Kapital zum Ertrag ist noch wesentlich deutlicher zu erkennen als bei der Königinnenzucht. Bereits im ersten Jahr können alle Anschaffungskosten abgedeckt werden (wenn man keine Abschreibung auf 10 Jahre vornehmen würde) und dennoch würde ein hoher Gewinn für den Imker und seine gesamte Imkerei übrigbleiben. Es muss jedoch auch hier Beachtung finden, dass dieser Gewinn pro Jahr nur durch die Haltung der Bienen generell möglich ist. In einer zweiten Stufe müssen also die Kosten für den gesamten Betrieb auch auf diesen Bereich umgelegt werden. Entweder man errechnet einen gesamten Gewinn pro Betrieb oder man verteilt die Kosten, wie bereits bei der Königinnenzucht angesprochen.

Berechnung Gewinn

Kosten pro Jahr	233,20 €
Ertrag pro Jahr	1.800,00 €
Gewinn pro Jahr	**1.565,80 €**

Doch nun stellt sich die Frage, warum erzeugen nicht alle Imker bereits Pollen, wenn man damit so viel Geld verdienen kann? Es gibt auf diese Frage viele Antworten. Unter anderem ist es das Unwissen der Imker, dass man auch damit gutes Geld verdienen kann. Dieses Unwissen sollte jedoch mit vorliegender Berechnung ausgeräumt sein. Eine zweite Möglichkeit ist zudem, dass die Imker selbst nicht vom Produkt überzeugt sind und dieses daher nicht herstellen. Die vermutlich wichtigste Komponente ist jedoch die mangelnde Vermarktbarkeit in der Region. Viele Kunden und Imker wissen noch nicht, was man mit Pollen machen kann und dass dies ein Superfood ist. Hier wäre die Aufklärung der Konsumenten oberstes Ziel. Diese Information an den Kunden weiterzuleiten, ist jedoch auch Aufgabe eines jeden einzelnen Imkers. Eine gute Idee wäre es also, mit kleinen Mengen an Pollen anzufangen und jedem Kunden, der ein Glas Honig kauft, eine kleine Kostprobe mitzugeben und ihn entsprechend gut zu informieren. Beim nächsten Kauf wird der Kunde nochmals auf die Pollen angesprochen und seine Erfahrungen damit abgeprüft. Davon profitiert vor allem der Imker, der diese Informationen für die nächsten Verkaufsgespräche nutzen kann. Man muss als Imker also nicht nur Imker sein, sondern ein komplettes Unternehmen mit den Abteilungen Produktion, Einkauf, Verkauf, Controlling, Recht, Steuern und noch vielen anderen Bereichen mehr abdecken.

PRAXISTIPP! Personalkosten

Die hier erwähnten Berechnungen finden keinen Vermerk von Personalkosten! Um diese zu berücksichtigen würde es genaue Aufzeichnungen erfordern, welche Tätigkeiten wie viel an Arbeitszeit verbrauchen bzw. ein Verteilungsschlüssel müsste angelegt werden und auf die Gesamtarbeitsstunden aufgeteilt werden. Eine einfache Darstellung über diese Aufzeichnung findet sich in der Bienenkalkulation. Sollte die Arbeitszeit als Kostenfaktor mit einfließen, können diese Kosten einfach im Bereich der variablen Kosten abgezogen werden.

TARGET COSTING – SATTELN WIR DAS PFERD VON HINTEN AUF

Target Costing ist eine neuere Variante der Kostenrechnung. Hier werden nicht die anfallenden Kosten und der gewünschte Gewinn addiert und zum Schluss ergibt sich daraus ein Verkaufspreis, sondern es wird durch Marktforschung herausgefunden, wie viel Geld die Kunden bereit sind, zu bezahlen. Von dort werden die entstehenden Kosten abgezogen. Scheint die übrigbleibende Differenz (Ertrag) für den Produzenten noch zufriedenstellend zu sein, wird er das Produkt zum ermittelten Preis auf den Markt bringen.

Wenn die **Gewinnspanne** jedoch zu niedrig ist, bleiben in unserem Fall dem Imker zwei Schritte:

1. **Weniger Kosten verursachen** oder
2. **Nicht zu dem ermittelten Preis auf den Markt gehen**.

Mit der richtigen Technik wird Geldverdienen zum Honigschlecken.

Der große Vorteil dieser Methode ist, dass man den Markt von Beginn an deutlich besser kennt, als wenn man mit einem Produkt auf den Markt geht und einen Preis von Vornherein festgelegt hat, um sich dann zu wundern, warum zu wenig oder auch zu viel verkauft wird. Hier hat man den Preis, den die Kunden bereit sind zu zahlen, sowie die Kosten, die noch einen Gewinn ermöglichen, deutlich im Blick und versucht, diese sogar noch intensiver zu reduzieren als bei der bekannten Variante „Kosten plus Gewinnaufschlag ergibt den Preis". Die so ermittelten Preise erlauben es dann, die in der Theorie ermittelte Menge abzusetzen. Setzt man allerdings die Preise höher oder niedriger an, kann dies auf die verkauften Mengen Auswirkungen haben. Eine Preissenkung macht jedoch aufgrund der Kundenpräferenz wenig Sinn.

Beim Target Costing legt man sich jedoch nicht nur auf den Preis eines Produktes fest, sondern analysiert auch, wie dieser zusammengestellt wird. So beurteilen Kunden den Honig nicht nur nach dem Geschmack, sondern auch nach der Verpackung, der Farbe, dem Geruch etc. Alle diese Punkte werden abgefragt und mit einer Wertigkeit versehen. So macht zum Beispiel der Geschmack des Honigs 50 % der Kundenbewertung aus, 20 % entfallen auf die Verpackung und jeweils 15 % sind der Farbe und dem Geruch zuzuordnen. Damit bekommt man ein genaues Bild, auf welche Punkte der Kunde Wert legt und welche vernachlässigbar sind. Macht die Verpackung etwa 50 % der Kosten aus und bringt lediglich 20 % bei der Wertigkeit ein, ist hier ein falsches Verhältnis gegeben; der Kunde schätzt den Nutzen anders ein, als es die Kostenkomponente vermuten lässt. So kann der Imker genau feststellen, welche Punkte unterbewertet und welche überbewertet sind und so sein Produkt an die genauen Anforderungen des Marktes anpassen.

Umsetzung in der Praxis am Beispiel Pollen

Doch die Frage, die sich viele an diesem Punkt stellen werden, ist, wie ist es für mich als Imker überhaupt möglich, Target Costing mit möglichst wenig Aufwand und dennoch einem optimalen Ergebnis zu machen. Genau dies sollte hier behandelt werden. Wir ziehen wieder, wie bereits weiter oben, als Beispiel das Produkt Blütenpollen heran, da die Kosten, die damit entstehen, bereits bekannt sind und auch die Ertragslage thematisiert wurde.

Plant man die Einführung eines neuen Produktes oder den Relaunch eines bestehenden, ist die Preisfindung oft schwierig. Mit Hilfe des Target Costings überträgt man jedoch diese schwere Aufgabe an die Kunden und man hat als Imker nur mehr die Herausforderung, die Daten zu koordinieren, zu sammeln und zum Schluss auszuwerten. Man muss sich jedoch nicht nur auf den ersten Zeitpunkt einer Produktinnovation oder eines neuen Eintritts in den Markt beschränken. Die laufende Befragung, was der Kunde bereit ist zu bezahlen, gibt Ihnen ein gutes Feedback, wo die Preise in der Region liegen und ob man selbst an der Preisschraube drehen kann, ohne die Kunden zu verschrecken.

Plant man also die Einführung des Produktes Blütenpollen, sondiert man vorerst einmal den Markt. Dies kann über verschiedenste Wege gehen. Der Kontakt zu anderen Imkern ist eine gute Basis, das Thema aus Sicht der Produzenten zu thematisieren. Man erfährt vielleicht auch, auf welche Aspekte die einzelnen Kunden Wert legen und auf welche man bei der Produktion bzw. bei der Vermarktung besonders achten muss.

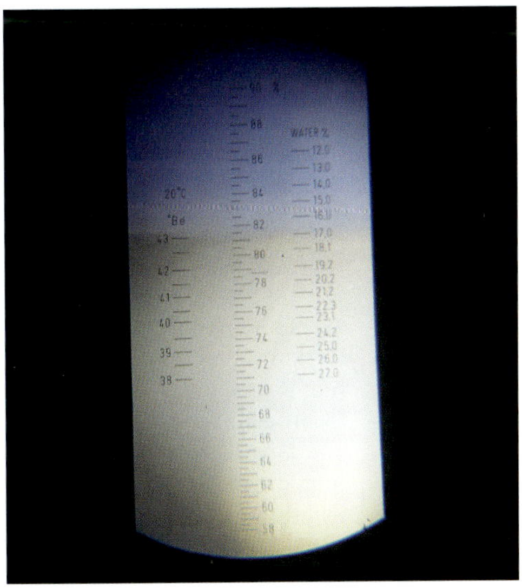

Der Blick durch das Refraktometer zeigt: der Wassergehalt passt!

Hier können aber auch die Preise abgefragt werden und man weiß ungefähr, wo der Marktwert in der Region liegt. Natürlich sollte man auch die Augen in den Supermärkten oder Fachgeschäften offenhalten und sich dort erkundigen, was die Blütenpollen in den entsprechenden Qualitäten kosten. Mit Hilfe dieser Marktforschung kann man also feststellen, welche Preise aktuell sind, welche Verpackungen verwendet werden und auf welche Punkte die Konsumenten achten. Ein gutes Fundament ist damit bereits gelegt.

Wichtiger ist es jedoch, den Kunden zu befragen. Wenn alle Imker der gleichen Meinung sind, der Konsument allerdings etwas ganz anderes möchte, sollte man doch eher dem Konsumenten glauben als den anderen Imkern. Bei einer bestehenden Imkerei ist dies sogar relativ leicht möglich – leichter jedenfalls als bei einem ganz neuen Betrieb. In der bestehenden Imkerei gibt es bereits Kunden, mit denen Verkaufsgespräche geführt werden. In diesen Gesprächen kann man auch die Einführung des neuen Produkts, in unserem Fall der Blütenpollen, ansprechen und den Kunden über die tollen Eigenschaften aufklären. Wie im Beispiel oben bereits erwähnt, kann man, wenn das Produkt bereits existiert, dem Kunden eine Kostprobe mitgeben und beim nächsten Gespräch bitten, seine Einschätzungen abzugeben. Gibt es das Produkt jedoch noch nicht, muss man gar nicht auf das nächste Mal warten, sondern kann den Kunden direkt befragen, auf welche Punkte er Wert legen würde. Bei Befragungen machen allerdings in der Regel die wenigsten Kunden gerne mit, daher empfiehlt es sich, behutsam vorzugehen und den Kunden nachher für seine Mühen mit einer Kleinig-

Merkmal	Wertung der Kunden	Kostenverteilung in der Herstellung	Überbewertung / Unterbewertung
Verpackung	20 %	10 %	Deutliche Überbewertung der Verpackung durch den Kunden, es könnten hier noch mehr Investitionen sinnvoll sein, da diese vom Markt bezahlt werden würden.
Farbe	15 %	30 % (durch Umstellen der Völker auf andere Standorte möglich)	Ein Standortwechsel nur um die Farbe des Produktes zu ändern, würde von den Kunden nicht ausreichend honoriert werden, daher sollte dies auf ein Minimum gedrosselt werden, um so zu versuchen, die Kosten zu reduzieren.
Qualität	25 %	25 % (durch tägliches Entleeren der Pollenfallen und gute Trocknung sowie durch ordentliches Aussortieren)	Ein genauer Match, die Kunden sind bereit, das zu bezahlen, was die Qualitätsarbeit ausmacht.
Geschmack	20 %	30 % (durch die am Standort vorhandenen Blüten beeinflusst, Umstellung der Völker kann die Trachtpflanzen verändern)	Gesamt gesehen, sind die Kunden genau bereit, den Aufwand des Imkers für die Beeinflussung des Geruchs und Geschmacks zu bezahlen.
Geruch	10 %		
Herkunft	10 %	0 % (durch die regionale Verteilung der Völker ohnedies gegeben)	Da es sich bei der Imkerei im konkreten Beispiel um einen regionalen Betrieb handelt, fallen keine zusätzlichen Kosten für die von den Konsumenten geforderte Herkunft des Produktes an, hier liegt kundenseitig eine Überbewertung des Faktors vor. Möglicherweise könnte man diesen Punkt noch gewinnbringender einsetzen.

keit zu belohnen (z. B. einem 30-ml-Glas eines speziellen Honigs oder einer kleinen Wachskerze etc.).

Nun hat man alle geforderten Daten beisammen und muss diese nur noch auswerten. In unserem fiktiven Beispiel ergibt sich folgendes Bild, zusammengefasst in der nebenstehenden Tabelle.

Die hier ersichtlichen Punkte decken auf, dass manche Merkmale vom Kunden mehr geschätzt werden als andere und der Imker für die Erzeugung gewisser Merkmale zu viele Kosten hat. So ist vom Kunden die regionale Herkunft mit 10 % bewertet worden, dem Imker entstehen allerdings dadurch keine zusätzlichen Kosten. Daher könnten hier noch entsprechende Gewinnpotentiale ausgebaut werden. Anders verhält es sich bei der Farbe. Der Kunde bewertet diese mit nur 15 % Anteil am gesamten Produkt, dem Imker entstehen allerdings, um die Farbe ändern zu wollen, deutliche Kosten in der Höhe von 30 %. Dieses deutliche Übergewicht der Kosten im Verhältnis zum Nutzen macht es nötig, die Kosten zu senken, da der Kunde nicht bereit ist, den Mehraufwand zu bezahlen.

Das generelle Ziel sollte sein, die beiden Werte ziemlich genau in Balance zu bringen und so einen perfekten Match von Kundenwünschen und entstehenden Kosten zu erzielen. Somit ist gewährleistet, dass der Kunde genau das bekommt, was er wünscht und der Imker seine Ressourcen genau richtig verteilt und keine Verschwendung eintritt.

PLANRECHNUNG

In der Landwirtschaft ist oft der Fortbestand des Betriebs über viele Generationen hinweg das wichtigste Betriebsziel. Eine so nachhaltig angelegte Betriebsweise kann durch eine maßvolle Planung deutlich erleichtert werden. Damit ist es möglich, bereits heute zu sehen, wo man in einigen Jahren stehen wird. Man kann festlegen, wohin man möchte, und dies über die nächsten Jahre verfolgen, ob die festgelegten Ziele auch erreicht werden. Durch eine dynamische Planung fließen zudem die aktuellen Gegebenheiten (in der Imkerei z. B. Anzahl der Völker, erwirtschaftete Honigmenge etc.) ein und ergänzen das Bild, welches für eine Planung nötig ist. Fällt unter anderem ein Wert, wird dies in der Planung berücksichtig und die neuen Ziele werden angepasst. Fallen einem zum Beispiel 50 % der Völker aufgrund eines Schadereignisses aus, kann die angestrebte Volkzahl vor dem Vorfall nicht mehr erreicht werden und das Ziel ist von vornherein unerreichbar. Da Ziele jedoch immer erreichbar sein sollen, ist eine Anpassung unbedingt erforderlich.

Die Planung in der Landwirtschaft ist aufgrund vieler Einflüsse oft schwierig. So spielt das Wetter eine große Rolle, auf das man jedoch keinen Einfluss hat. Es gibt Jahre, in denen das Wetter für die Imkerei perfekt ist (viel Sonne, vor allem im Frühjahr zur Trachtzeit), dann gibt es wieder Jahre, in denen der Regen (gefühlt) nicht aufhören möchte und dadurch die Erträge deutlich geringer sind. Schwieriger gestaltet sich die Planung mit den Tieren. Krankheiten können um sich greifen, die Räuberei einige Völker vernichten und Schwärme, die nicht gefangen werden können, schwächen die bestehenden Völker. Und zu guter Letzt bleibt noch die Vermarktung der Erzeugnisse. Wenn geringe Mengen anfallen, ist dies meist kein Problem, bei überdurchschnittlichen Mengen weiß man aber vielleicht nicht, wohin damit.

PRAXISTIPP! Zukunftsplanung

Gerade im Aufbau eines Betriebes ist die Planung der Zukunft ein großes Thema. „Wo stehe ich" und „wo will ich hin" sind die zwei Topthemen. Gerade diese Parameter sollten schriftlich festgehalten werden, da nur so gewährleistet ist, dass es für alle Mitwirkenden ersichtlich ist, wohin der Weg führen soll und wie er erreicht werden kann.

Zu diesen Besonderheiten ist es auch wichtig, die Kosten richtig einschätzen zu können. Die anfallenden Kosten im laufenden Jahr sind recht gut abzuschätzen. Allerdings gibt es jedes Jahr Preissteigerungen, nicht nur in der Imkerei, sondern in allen Bereichen des Lebens. Diese Inflation bereits für die kommenden Jahre zu schätzen, ist für den Imker schwierig, wenn nicht sogar unmöglich. Zum Glück gibt es jedoch viele Ökonomen, die sich mit der Berechnung der zukünftigen Inflation beschäftigen. Das Problem hierbei ist jedoch, dass sich diese Schätzungen meist nicht auf die Imkerei beziehen, sondern auf die allgemeine Wirtschaft. Um dies zu bereinigen, ist wieder die Erfahrung der Imker gefragt, die das Verhältnis zwischen der allgemeinen Preissteigerung und der Steigerung der Preise in der Imkerei kennen. Ganz allgemein kann jedoch davon ausgegangen

Sogar die Königin plant, wie lange sie im Volk bleibt, wann sie schwärmt bzw. einer neuen Königin Platz macht.

werden, dass sich die Preissteigerung um die Inflationsrate bewegen wird.

Auch die Preise für die eigenen Produkte müssen geplant werden. Besonders in Bezug auf das Wachstum der Imkerei ergeben sich aufgrund der veränderten Vermarktungsstrategie, die sich bei einer höheren Menge ergibt, meist geringere Verkaufspreise.

Zusammenfassend gesagt, ist die Planung in der Landwirtschaft ein wichtiger Bereich, der jedoch mit einigen Schwierigkeiten behaftet ist. Daher gilt es maßvoll und vorrausschauend zu planen.

PRAXISTIPP! Planung erfordert Erfahrung

Planung in der Landwirtschaft erfordert viel Erfahrung und Gefühl. Gerade junge Imker tun sich hier schwer festzustellen, ob die eigenen Einschätzungen richtig sind. Auch hier gilt, dass ältere Imker meist gern Hilfestellung geben und auch dieses Buch ein gewisses Gefühl dafür vermitteln sollte.

BESONDERHEIT DER PLANUNG IN DER IMKEREI

In der Landwirtschaft gibt es unzählige Betätigungsfelder. Forstwirtschaft, die Haltung von Milchkühen, Fleischproduktion, die Produktion von Wolle und die Haltung von Hühnern für die Gewinnung von Eiern sind Bereiche der Landwirtschaft, allerdings mit vielen verschiedenen Herausforderungen und Planungsmethoden. Die Imkerei ist ebenfalls ein Teilbereich der Landwirtschaft. Dennoch gibt es einige Spezialitäten, die die Bienenzucht von den anderen Bereichen der Landwirtschaft unterscheidet.

Eine dieser Besonderheiten ist die Möglichkeit, sehr schnell zu wachsen. Es ist theoretisch möglich, die Anzahl der Völker jedes Jahr zu verdoppeln (Ableger, Schwärme etc.). Wenn man jedoch mit einer Verdoppelung planen würde, dürfen keine Völker krank werden, von Räuberei bedroht sein oder von der Varroamilbe ausgelöscht werden. Daher gilt es, mit Augenmaß zu planen und sich realistische Ziele zu setzen. Es gilt zu beachten, welche Wachstumsstrategie man einschlägt. Kauft man jährlich Völker zu, vermehrt man seinen eigenen Bestand selbst oder mischt man diese Varianten? Es stellt sich auch die Frage, wohin man wachsen möchte. Will man einen Betrieb für den Vollerwerb aufbauen oder möchte man eine gewisse Anzahl von Völkern nicht übersteigen?

Beim Aufbau einer Imkerei wird der Zukauf von Völkern unumgänglich sein, bei größeren Imkereien ist es auch möglich, aus dem Bestand zu wachsen. Sobald man jedoch eine Anfangsbasis hat, ist es auch Anfängern möglich, den Bestand selbständig zu vermehren. Für das Wachstum zu einer Nebenerwerbsimkerei reicht dies vollkommen aus, möchte man jedoch (schnell) in den Vollerwerb hineinwachsen, führt an einem Zukauf von Völkern in den ersten Jahren kein Weg vorbei. Beim Zukauf fallen jedoch wieder Kosten für die Beschaffung der Völker an, welche bei der selbständigen Zucht wegfällt.

Ist man auf die Zahl gewachsen, die man sich festgelegt hat, ist dies jedoch nicht der Zeitpunkt, an dem man die Zucht beendet. Jedes Jahr fallen einige Völker aus, welche ergänzt werden müssen, um nicht wieder zu schrumpfen. Die Ausfallsraten reichen von 5 % bis zu 85 %. In normalen Jahren ist bei der Planung jedoch der Ausfall von rund ei-

Bienenschwärme erschweren die Planung: Plötzlich verliert man die Hälfte des eigenen Volkes oder man findet einen Schwarm und erhöht so seine Volkzahl ungeplant.

nem Drittel realistisch. Dieser entsteht besonders durch die Varroamilbe oder durch die Vereinigung von schwachen Völkern.

Bei der Wachstumsrate, welche nachhaltig erwirtschaftet werden kann, ist eine Steigerung um den Faktor 0,5 bis zu 0,8 realistisch. Diese Wachstumsrate lässt sich daraus ableiten, dass aus 50–80 % aller Völker Ableger gebildet werden können bzw. Schwärme aus den Völkern zur Verfügung stehen. Dies lässt sich auf den natürlichen Trieb der Honigbiene zurückführen, dass sich das Volk jedes Jahr einmal (in manchen Fällen auch mehrmals) teilt und so die Verbreitung der Honigbiene möglich war bzw. ist. Nach Abzug der Ausfälle ist daher ein Wachstum von einem Drittel bis zur Hälfte jedes Jahr möglich. Je niedriger diese Wachstumsrate angesetzt wird, desto wahrscheinlicher ist das Erreichen der gesteckten Ziele. Eine solche Planung führt jedoch in vielen Fällen zu einer Überschreitung der Ziele, was ebenso nicht gewünscht ist. Das Ziel einer Planung ist es immerhin, möglichst genau vorherzusagen, welche Parameter man erreichen will.

Die gesamten Parameter (Ausfalls- und Wachstumsrate) sind jedoch immer in Bezug auf die eigene Imkerei zu prüfen. So gibt es Regionen, in denen bessere Bedingungen herrschen, und andere, in denen die Bienenzucht deutlich schwieriger ist. Am besten orientiert man sich bei der eigenen Planung an der eigenen Erfahrung. Wenn man jedoch noch keine Erfahrungen gemacht hat, kann man sich an den oben erwähnten Faktoren orientieren und nach und nach die gemachten Erfahrungen einfließen lassen. Daher ist eine dynamische Planung wichtig, die sich an die neuen Gegebenheiten anpasst und die Ziele automatisch nach oben oder unten korrigiert.

PLANUNG AUF BASIS DER KOSTENRECHNUNG

Analog zur Planung der einzelnen Jahre mit Hilfe der Kostenrechnung kann auch die Planung von mehreren Jahren mithilfe dieses Konstruktes schnell und einfach gelöst werden. Hierfür wird eine „Cockpitansicht“ erstellt und das Tabellenblatt „Bienenkalkulation“ mehrere Male hintereinander geschaltet.

Diese zentrale Schaltfläche – Cockpitansicht genannt – zeigt neben den Ergebnissen der einzelnen Jahre auch diverse Parameter, welche für einen Ausblick in die Zukunft notwendig sind. Diese Daten greifen wieder auf die Ausgangsdaten in der gesamten Übersicht sowie auf die gesamten Daten der Bienenkalkulation zurück.

Zusätzlich können in dieser Ansicht die gesamten Erträge vor Zinsen und Steuern (EBIT – Earnings Before Interests and Taxes) der vollen Planungsdauer aufsummiert werden. Damit ist es möglich, den Gewinn vor Steuern und Zinsen bereits heute abzuschätzen, der in den kommenden Jahren anfällt. Ebenfalls wird der Bedarf an Kapital für die Anschaffung der Beuten und für andere variable Anschaffungskosten angezeigt. Damit ist ersichtlich, welcher Geldbetrag für den Aufbau der Imkerei nötig ist. Hier ist jedoch zu beachten, dass nur die Anschaffungskosten der Bienenvölker im ersten Jahr (sofern diese gekauft werden) und die Kosten für die Anschaffung der Beu-

	A	B	C	D
1	**Übersicht Bienenkalkulation Planrechnung 10 Jahre**			
2				
3	EBIT gesamt 10 Jahre vor Investitionen	42.647,29	€	
4	Finanzaufwand Anschaffung / Investitionen	9.700,00	€	
5	Brutto CashFlow	32.947,29	€	
6				
7	Erhöhung Bienenvölker pro Jahr	50%		
8	Einsparung durch Zucht	5.375,00	€	
9				
10	Durchschnittliche Preissteigerung	3,00	% / Jahr	Inflation / variable Kosten
11				
12	Annahme: Honigpreis bleibt gleich (Inflation entspricht der Preissenkung durch höhere Menge)			

Excel-Screenshot 8

ten (dieser Wert wird in der letzten Planung angezeigt, da hier die gesamte Volkzahl mit den Kosten für die einzelnen Beuten hochgerechnet wird) mit einfließen.

Wichtig ist hier jedoch, dass bei den einzelnen Jahren die variablen Kosten für die Anschaffung im ersten Jahr und für den Ankauf der Beuten in den einzelnen Jahren ausgeblendet bzw. nicht in die Berechnung mit einfließen. Ansonsten würden diese zweimal erfasst werden; einmal in der Kalkulation der einzelnen Jahre und ein zweites Mal in der Cockpitansicht. Somit zeigt man in der Planung nicht die eigentlichen Gewinne an, sondern die Gewinne vor Investitionen sowie die Investitionen als separate Position. Das Ergebnis, welches sich aus dem Abzug der Investitionen von den Erträgen vor den Investitionen ergibt, ist das ordentliche Betriebsergebnis vor Steuern und Zinsen.

Ein weiterer wichtiger Faktor, der in der Cockpitansicht wichtig ist, ist der Wert, um den die Anzahl der Bienenvölker jedes Jahr steigen wird bzw. sollte. Der daraus hochgerechnete Wert wird immer auf die nächste ganze Zahl gerundet, da man weder halbe Völker haben kann noch in der konservativen Planung eine Aufrundung Platz hat. Dieser konservative Ansatz ist in einer vorsichtigen Planung nötig, da ansonsten unnötig hohe Zahlen von z. B. Völkern in die Berechnung mit einfließen, welche wiederum in die Planung der nächsten Jahre einfließen und somit von einer höheren Basis aus weitergerechnet wird.

Durch die eigenständige Nachzucht und Vermehrung von Bienenvölkern ergibt sich auch eine Einsparung im Verhältnis zum Zukauf der gesamten Völker. Diese Berechnung ist relativ einfach durchzuführen und spiegelt den Wert der Nachzucht wider. Hierfür wird nur die Anzahl der Bienenvölker im letzten Jahr und die im ersten Jahr benötigt. Die Differenz daraus (Achtung: keine zugekauften Völker dazurechnen, diese gehören ebenfalls abgezogen) ergibt die Anzahl der selbstgezüchteten Völker. Rechnet man nun diese gezüchteten Bienenvölker mit dem Kaufpreis für Bienen hoch, ergibt sich der bei Zukauf notwendige Betrag, welcher durch die Zucht eingespart wird.

Machen Sie es wie die Königin: Heben Sie sich bei Präsentationen der Produkte und des Betriebes von der Masse ab.

Als letzter Parameter in der Prognose ist noch die, wie bereits oben erwähnte, Inflationsrate einzubeziehen. Durch die Einbeziehung dieses Wertes in die Planung ist auch die Kostensteigerung der folgenden Jahre eingebunden. So ist eine noch genauere Planung möglich. Eine Annahme, die auf der Inflation basiert, ist hier die Preissteigerung, die auch beim Verkauf von Honig bzw. anderer Produkte erzielt werden kann. Da durch die Steigerung der Volkzahl auch die Menge an erzeugten Produkten steigt, sinkt in der Regel der Preis, weil Angebot und Nachfrage den Preis bilden. Steigen also das Angebot und die Nachfrage im gleichen Umfang, bleibt der Preis gleich. Bleibt jedoch die Nachfrage konstant, muss der Preis der Produkte sinken, um die gesamte Menge absetzen zu können. Als Annahme kann hier, auch um die Berechnung zu vereinfachen und damit zwei Fliegen mit einer Klappe zu schlagen, die Inflation mit der Preissenkung durch die höhere Menge gleichgesetzt werden. Somit würde über die gesamte Laufzeit der Planung ein konstanter Preis beibehalten werden. Diese Annahme sollte jedoch immer in der Berechnung selbst angemerkt werden, da man sich so später nicht über diese „bewusste Vernachlässigung“ wundert und sich nicht die Frage stellt, warum diese getroffen wurde.

Um die einzelnen Jahre gut nacheinander berechnen zu können, empfiehlt es sich, die Bienenkalkulation einige Male (entspricht der Anzahl der Jahre des Planungshorizonts) nacheinander zu erstellen bzw. einfach zu kopieren. In unserer Cockpitansicht können dann alle wichtigen Daten zusammenlaufen. Dort sind dann die Volkzahl zu Beginn (also in der aktuellen Periode, von der aus geplant wird) ersichtlich sowie die Zahl der Bienenvölker der einzelnen Jahre, welche nach den oben genannten Parametern (Abrunden etc.) berechnet werden. Diese Anzahl der Völker verweist wieder in das jeweilige Tabellenblatt, welches dem Jahr der Berechnung entspricht. Durch diese Aufteilung der Berechnung auf einzelne Blätter kann genau nachvollzogen werden, woher welche Kosten und Erträge kommen.

Zur besseren Übersicht und leichteren Berechnung können noch die Einnahmen (fix und variabel) sowie die Kosten für die Preissteigerung durch die Inflation eingeblendet werden. Die Einnahmen vor Steuern und Fremdkapitalzinsen werden ebenfalls durch einen Verweis von den einzelnen Registerblättern eingeblendet und jedes Jahr um die Kosten für die Inflation bereinigt (reduziert).

Die damit entstehende Übersicht ermöglicht es dem Imker nun, die kommenden Jahre bereits heute grob einzuschätzen. Dies ist besonders bei der Entscheidungsfindung von größeren Investitionen notwendig, um alle möglichen Szenarien prüfen zu können. So kann unter anderem geplant

	A	B	C
1	Anzahl Völker Beginn	10	Stk.
2	Fixkosten gesamt	50,00	€ / Jahr
3	Variable Kosten gesamt	661,27	€ / Jahr
4	EBIT Jahr 1	1.088,73	€ / Jahr
5			
6	Anzahl Völker Beginn	15	Stk.
7	Fixkosten gesamt	50,00	€ / Jahr
8	Variable Kosten gesamt	991,91	€ / Stock /Jahr
9	Preissteigerungen (var. Kosten)	29,76	€ / Stock /Jahr
10	EBIT Jahr 2	1.628,34	€ / Jahr
11			
12	Anzahl Völker Beginn	23	Stk.
13	Fixkosten gesamt	50,00	€ / Jahr
14	Variable Kosten gesamt	1.550,68	€ / Stock /Jahr
15	Preissteigerungen (var. Kosten)	46,52	€ / Stock /Jahr
16	EBIT Jahr 3	2.522,56	€ / Jahr

Excel-Screenshot 9

sein, ein Grundstück anzukaufen, auf welchem die Imkerei aufgebaut werden sollte. Dieses Grundstück sollte dann möglichst mit den Gewinnen aus der Imkerei bezahlt werden und dem Imker privat keine Belastung darstellen. Auch bei einer Finanzierung über eine Bank oder einem privaten Geldgeber benötigt man eine Planrechnung, was man in Zukunft vorhat und welche Einnahmen geplant werden. Dies ermöglicht es den Kreditgebern ihrerseits, planen zu können, ob der Imker überhaupt in der Lage ist, die finanziellen Mittel aus dem Betrieb zurückzuführen.

PRAXISTIPP! Gute Präsentation ist wichtig!

Führen Sie bei der Präsentation von Planungen immer nur die wichtigsten Details auf und erklären Sie im Anhang, wie die Werte zustande gekommen sind. Das schafft Klarheit im Selbststudium und vereinfacht es für die Zuseher, Ihnen gedanklich zu folgen und sich nicht in Kleinigkeiten zu verstricken. Gerade bei Banken und anderen Fremdkapitalgebern (aber auch bei anderen betriebsfremden Personen) macht es ein gutes Bild, wenn eine klare Präsentation der einzelnen Werte vorliegt.

Für den Imker selbst hat diese Aufstellung auch einen weiteren Vorteil. So weiß er genau, wie viele Bienenvölker für welches Jahr geplant sind. Die damit verbundenen Anschaffungen (Beuten, Rähmchen etc.) sind planbar und können unter anderem bereits zusammengefasst werden, wodurch wieder Arbeit, Zeit und Geld gespart werden kann. Somit hat die Erstellung einer Kalkulation bzw. Planrechnung auch den Sinn, den Imker nicht nur zu informieren, welche Preise festgelegt und welche Gewinne erzielt werden, sondern auch, ihm Zeit, Geld und Arbeit zu ersparen, welche er ohne Planung und Kalkulation sonst aufwenden müsste.

BIO – EINE ALTERNATIVE?

Vorweg gilt es zu sagen, dass die biologische Haltung und Bewirtschaftung von Bienen und Tieren im Allgemeinen sowie die Bewirtschaftung von land- und forstwirtschaftlichen Flächen im biologischen Betrieb mehr als eine Option zur Steigerung der Erträge ist. Es ist eine Einstellung, für die man sich ganz bewusst entscheidet, mit allen Konsequenzen, die dieser Schritt nach sich zieht. Sich gegen Bio zu entscheiden, heißt aber nicht, dass einem die Umwelt, seine Bienen und die daraus erzeugten Produkte nicht oder weniger am Herzen liegen. So kann zur Gänze nach biologischen Richtlinien in Styroporbeuten gearbeitet werden und die Haltung gilt trotzdem nicht als biologisch. Umgekehrtes gilt natürlich ebenso.

Die in diesem Kapitel behandelten Themen sind aus der Bio-Austria-Richtlinie 2012 entnommen und decken in groben Zügen die geltende Rechtslage ab. Nähere und verbindliche Informationen zu diesem Thema erhalten Sie direkt bei Bio-Austria.

WARUM BIO?

Wie schon erwähnt, hängt die Entscheidung, ob biologisch oder konventionell produziert werden soll, sehr von der persönlichen Einstellung des Imkers ab. Daneben sprechen aber noch viele weitere Punkte für die biologische Landwirtschaft:

- Bio verbietet chemisch-synthetische Mittel zur Schädlingsbekämpfung. Bienen in der konventionellen Haltung sind oft starken chemischen Stoffen (unter anderem bei der Varroabehandlung) ausgesetzt.
- Bio garantiert Gentechnik-Freiheit. Die gesundheitliche Langzeitwirkung von gentechnisch veränderten Tieren und deren Erzeugnissen sowie deren Entwicklung im Kreislauf der Natur sind nach wie vor nicht zur Gänze geklärt.
- Ein besonders schonender Umgang mit den uns zur Verfügung stehenden Böden und Lebewesen ermöglicht eine große Vielfalt in der Natur. Dieses Ökosystem funktioniert nur in einem sensiblen Gleichgewicht, welches sich über Jahrtausende entwickelt hat. Dieses gilt es, für folgende Generationen bestmöglich zu bewahren und zu erhalten.

- Bio ist art- und trotzdem zeitgemäße Haltung von Tieren. Nach wie vor stellt der Werkstoff Holz eine der besten Optionen bei der Haltung von Bienen dar. Bereits vor der Entwicklung der modernen Beuten haben Bienen in hohlen Bäumen gelebt und somit den Werkstoff Holz, welcher regional gewonnen und verarbeitet werden kann, von sich aus gewählt.
- Bio ist nachhaltig. Ein verantwortungsvoller Umgang im Einklang mit der Natur und den uns in der Region zur Verfügung stehenden Ressourcen schont nicht nur die Umwelt, sondern erzeugt Synergien in unserer Heimat und positive Effekte für die Vermarktung der Erzeugnisse.

ALLGEMEINE GRUNDSÄTZE DER BIOLOGISCHEN BIENENHALTUNG

Folgende Vorgaben sind in der EU-Bio-Verordnung festgelegt:

- bienenfreundliche Haltungspraktiken
- Das Stutzen der Flügel bei Königinnen ist nicht erlaubt
- geeigneter Standort der Bienenstöcke
- Haltung angepasster Bienenrassen
- Für die Überwinterung werden umfangreiche Honig- und Pollenvorräte im Bienenvolk belassen
- Zufütterung nur mit biologischem Futter
- Krankheitsvorsorge durch vorbeugende Maßnahmen
- Bekämpfung von Krankheiten nur mit zugelassenen Wirkstoffen
- Bienenstöcke hauptsächlich aus natürlichen Materialien
- Desinfektion und Säuberung nur mit zugelassenen Wirkstoffen
- besondere Beachtung der Hygiene
- Kontrolle auf mögliche Rückstände im Wachs

Diese Vielzahl an Vorgaben ist auf den ersten Blick eine große Herausforderung und bildet oft eine Hemmschwelle für den Einstieg in die biologische Bienenhaltung. Bei genauerer Betrachtung ist sie jedoch nicht so schwierig, wie angenommen. Es kommt im Großen und Ganzen darauf an, die bereits oben besprochenen Grundsätze zu befolgen und das Beste für die Tiere zu ermöglichen sowie Ressourcen, welche benötigt werden, ebenfalls aus biologischen Quellen zu beziehen. So würde es

Es muss kein Baumstamm sein, dennoch ist für die biologische Imkerei eine Beute aus Holz Pflicht.

wenig sinnvoll sein, wenn man seine Bienen biologisch hält und ihnen dann als Winterfutter Zuckerwasser verabreicht, bei dem der Zucker mit schwersten Chemikalien behandelt wurde.

Durch die Vermeidung von Chemie ist es natürlich auch für Krankheiten leichter, sich auszubreiten. Daher sind vorbeugende Maßnahmen noch wichtiger, um das Ausbreiten von Vornherein zu verhindern.

WIRTSCHAFTLICHE BEDEUTUNG

Neben der persönlichen Präferenz des Imkers können auch wirtschaftliche Überlegungen eine bedeutende Rolle bei der Umstellung auf biologische Bienenhaltung spielen. Es ergeben sich bei einem solchen Umstieg sowohl Chancen als auch Risiken innerhalb der Kalkulation, welche mit Hilfe der oben erklärten Kostenrechnung schnell analysiert werden können.

Mit Risiken sind hier die Preissteigerungen von einigen Produkten gemeint, welche zugekauft werden müssen. So ist zum Beispiel ein Bienenvolk aus biologischer Haltung schwerer zu finden als eines aus konventioneller Haltung. Da Angebot und Nachfrage aber den Preis bestimmen, ist von einem höheren Preis von „Bio-Bienen" auszugehen. Ebenfalls ist nur mehr rückstandsfreies Bio-Bienenwachs für die Mittelwände zu verwenden und das Zuckerwasser muss aus biologisch angebautem Zucker sein.

Bienenstand im Bioland: Ringsherum werden die Felder biologisch bewirtschaftet, das freut den Imker und die Bienen.

Zusätzlich zu diesen Kosten kommen noch die Schulungskosten hinzu, welche aufgewendet werden müssen, um die grundlegenden Kenntnisse im Bereich der biologischen Bienenhaltung zu erwerben. Dieses Wissen muss in ständigen Kursen am Laufenden gehalten werden (was ohnehin Ziel eines jeden sein sollte, egal ob bio oder konventionell).

Neben den Kosten gilt es noch zu beachten, dass mit der Umstellung auf den Biobetrieb einiges an organisatorischem Aufwand betrieben werden muss. So müssen von allen zugekauften Rohstoffen und Völkern die Nachweise auf die Herkunft aus einem Biobetrieb jederzeit griffbereit sein. Diese werden dann bei einer der regelmäßigen Kontrolle durch Bio-Austria überprüft.

Bei anderen Punkten, wie zum Beispiel den Beuten, spielt es fast keine Rolle, ob biologisch oder konventionell. Die Preise variieren hier nur gering von einer Styroporbeute zu einer Holzbeute. Betrachtet man zudem noch, dass die Mehrheit der Imker ohnedies bereits mit Holzbeuten arbeitet, gibt es hier keinen Unterschied zwischen den beiden Produktionsvarianten. Ebenfalls wurden im Berechnungsbeispiel bereits biologische Mittel zur Varroabehandlung herangezogen. Preislich ist daher auch hier kein Unterschied.

Zu den größten wirtschaftlichen Vorteilen von Bio ist die deutlich bessere Vermarktbarkeit und die wesentlich höheren Preise, welche mit biologisch gewonnenen Bienenprodukten erzielt werden können. So ist der aktuelle Weltmarktpreis für Honig bei rund 2,- bis 3,- USD pro kg. Vergleicht man dies jetzt mit den Preisen für Bio-Honig im Raum Salzburg, welcher bei rund EUR 20,- pro kg liegt, sprechen wir hier von einem Aufschlag von 1.000 % auf den Weltmarktpreis. Im Verhältnis zum durchschnittlichen Preis in Salzburg für konventionellen Honig von EUR 10,- bis 12,- pro kg ist es immer noch fast das Doppelte. Gerade in der Bienenhaltung, die in den letzten Jahren immer mehr in den Fokus der Öffentlichkeit gerückt worden ist, spielen die regionale Gewinnung und der Artenschutz eine verstärkte Rolle im Kaufverhalten der Konsumenten. Durch die Umstellung auf eine biologische Produktion kann auf diesen Zug mit aufgesprungen werden.

Bio-Produkte bieten in einem Wettbewerbsmarkt mit vielen Anbietern, welchem die Imkerei eindeutig entspricht, die Chance, sich von der breiten Masse abzuheben und zu signalisieren, dass man etwas Besonderes verkauft. Immer mehr Konsumenten greifen so, wenn die Wahl besteht, schon oft zu den teureren Bio-Produkten. Gerade wenn die Produktion etwas in die Tiefe geht und größere Mengen produziert werden, spielt dieser Punkt eine immer entscheidendere Rolle.

BIO – EINE ALTERNATIVE!

Wenn man alle Parameter jetzt in eine Entscheidung einfließen lässt und ein gesamtes Ergebnis daraus ableitet, kann man zu dem Schluss kommen, dass Bio eindeutig eine Alternative ist! So sind etwa die steigenden Kosten und der steigende Arbeitsaufwand im Verhältnis deutlich geringer als der potentielle Mehrertrag, der durch die Kennzeichnung als Bio-Produkt erreicht werden kann.

Der Aufwand lohnt sich aber nicht für jeden. Bei einem Betrieb mit 3 Bienenstöcken für die Selbstversorgung bzw. Versorgung der Familie steht eine separate Zertifizierung als Biobetrieb in einer anderen Relation als bei einem Betrieb mit 30 Völkern, bei denen der Großteil der Produkte extern vermarktet wird.

So muss diese Zertifizierung einfach in das gesamte Unternehmen passen, das Unternehmenskonzept ergänzen und unterstreichen. Damit entsteht ein schlüssiges Bild über den Betrieb und die Ziele – für den Imker und den Kunden.

VERSCHIEDENE BEREICHE, VERSCHIEDENE VORTEILE

Die Imkerei bietet eine große Vielfalt, in welche sie einbezogen werden kann. Von der Haltung als Hobby bzw. zur Selbstversorgung über den Betrieb eines mittelgroßen Unternehmens mit ein paar Bienenstöcken bis hin zum Gewerbebetrieb, der die Imkerei im Vollerwerb ausübt. Diese sehr breite Möglichkeit der Verwendung macht die Imkerei für eine ebenso breite Bevölkerungsschicht interessant. Von der Familie, die ein Bienenvolk am Balkon oder im Garten hält, über den Landwirt, der durch die Haltung der Bienen eine Win-Win-Situation schafft, indem er seine Erträge auf den Feldern steigert und zudem Honig und andere Produkte aus dem Bienenstock gewinnt, bis zum hauptberuflichen Imker, der alleine von der Bienenhaltung leben kann.

In der Folge wird auf diese verschiedenen Modelle eingegangen und eine mögliche passende Strategie der Ausrichtung und Ertragssteigerung skizziert. Die Vorteile, die die Imkerei in jeder Größenordnung bereitstellt, werden unterstrichen und so auch mögliche Stolpersteine aufgezeigt.

IMKERN ALS ZUERWERB IN DER LANDWIRTSCHAFT

Die aktuelle Situation der Landwirtschaft ist von vielen immer schwereren Krisen gekennzeichnet, wenn man nur auf die Entwicklung der Milch- und Weizenpreise, auf die immer stärker werdenden Auflagen von Seiten des Gesetzgebers und auf die durch den Klimawandel immer problematischeren Anbaumöglichkeiten blickt.

Wie in vielen Bereichen des Lebens ist es auch in der Landwirtschaft ratsam, nicht nur auf einem Bein zu stehen, sondern sich breit aufzustellen und einige verschiedene Themen behandeln zu können. Damit macht man sich unabhängiger von anderen (Marktpreise, Förderungen etc.) und bleibt zukunftsfähig. Die Imkerei kann für die Landwirtschaft eine gute Ergänzung sein. Die benötigten Flächen für die Aufstellung der Beuten ist vorhanden, genügend Stauraum für das Zubehör etc. ist meist gegeben und oft können die Produkte im eigenen Betrieb weiterverwertet werden, was wiederum die Rentabilität innerhalb des Unternehmens erhöht.

Alter Bienenstand aus dem Jahre 1850 im Salzburger Freilichtmuseum

Der größte Vorteil für die Landwirtschaft ist aber nicht der Ertrag aus den Produkten der Biene, sondern deren gleichzeitige Bestäubungsleistung. Egal ob Raps oder Sonnenblume, ob Apfel oder Kirsche – viele Kulturpflanzen werden überwiegend durch die Honigbiene bestäubt. Es werden zwar auch die Pollen über den Wind oder andere Insekten übertragen, die Honigbiene trägt jedoch in vielen Fällen einen erheblichen Anteil an der Bestäubung. Bei vielen Kulturpflanzen resultieren daher aus dem Einsatz von Honigbienen:

- Hohe Ertragssicherheit
- Qualitativ hochwertigere Früchte (z. B. rundherum gleichmäßig ausgebildete Äpfel)
- Schnelleres und gleichmäßigeres Abblühen und damit gleichmäßigere Reifezeitpunkte

So ist pro Hektar eine Bienendichte von mindestens einem Volk, maximal aber jedoch von 4 Völkern ratsam. Diese Völker können sowohl an den oft nicht bewirtschafteten Feldrändern stehen, bei Obstbau auch direkt im Bestand. Gerade bei vielen Bauernhöfen im bayrisch-österreichischen Grenzraum gibt es noch alte Streuobstwiesen. Diese sind perfekt als Aufstellungsort für Bienen geeignet.

Der Landwirt kann und sollte jedoch neben dem Aufstellen der Bienen noch an viele weitere Dinge bedenken. So zum Beispiel an die Auswahl der passenden Feldfrüchte (Raps, Sonnenblume etc.), die Einplanung von Zwischenfrüchten, welche oft auch als Bienenweiden möglich sind, das Bestehenlassen von ungenützten Feldrändern als Blühstreifen und der Einsatz von Chemikalien (Insektizide und Fungizide).

Der Aufwand, der durch die Imkerei entsteht, ist jedoch gerade bei Stockzahlen zwischen 5 und 25 überschaubar, gerade im Verhältnis zu den deutlichen Ertragssteigerungen bei den Feldfrüchten und im Obstgarten. So gibt es Apfelsorten, bei der die Bestäubungsleistung von Honigbienen 90 % des gesamten Obstertrags ausmacht. Ähnlich verhält es sich auch bei der Sonnenblume (65 % leistet hier die Biene) und dem Raps (hier sind es „nur" 30 %).

Moderner Bienenstand mit Beuten aus Styropor

Die letzten Jahre waren durchwegs von Preisverfällen in der Landwirtschaft gekennzeichnet. Vergleicht man jedoch die Preisverfälle mit den möglichen Mehrerträgen durch die Bienenhaltung ergibt sich sogar oft ein Plus. Fällt so zum Beispiel der Preis für Sonnenblumen um 50 % und kann durch den Einsatz von Bienen um 65 % mehr produziert werden (bei gleichem Einsatz an Ressourcen), wenn vorher noch keine Bienen „mitgeholfen" haben, so würden sich unter dem Strich sogar Mehreinnahmen erzielen lassen.

Somit ist die Imkerei eine ideale Ergänzung für die Landwirtschaft, da es durch den aktiven Einsatz von Bienen innerhalb des Betriebs nur eine Win-Win-Situation gibt. Betrachtet man nun auch noch die durchschnittlichen Erträge eines Bienenvolkes mit 15 kg à EUR 12,- ergibt das einen Ertrag von EUR 180,- pro Volk oder 450 Liter Kuhmilch, welche denselben Ertrag bringen (allerdings ohne Bestäubungsleistung!). Die Imkerei ist also auch ein guter Ausgleich, um Schwankungen sowohl in den Erträgen am Feld als auch im finanziellen Bereich abzufedern.

Alternativ gibt es natürlich auch die Möglichkeit, sollte der Landwirt nicht selbst Hand anlegen können oder wollen, sich mit einem Imker aus der Umgebung zusammenzutun. Damit verteilt sich diese äußert positive Situation auf beide und jeder profitiert davon. Hier sind jedoch die Initiative und das Verständnis für den anderen von beiden Seiten aus gefordert. Und manchmal bewirkt ein Glas Honig als Dank für den Standplatz und eine Kanne Milch für die Bestäubungsleistung wahre Wunder.

MINIFARMING – SELBSTVERSORGUNG AUF DEM VORMARSCH

Selbstversorgung war unseren Vorfahren ein notwendiges Übel, ohne sie wäre einfach nicht genug zu essen auf den Tisch gekommen. Heute boomt diese Selbstversorgung wieder und ist immer mehr auf dem Vormarsch. Gerade weil es kein Muss mehr ist und viele der schnelllebigen Zeit überdrüssig geworden sind, ist dies ein Versuch, daraus auszubrechen. Die Besinnung auf die „alten Werte" lässt sich wohl auch darauf zurückführen.

Dieser Lifestyle wird natürlich nicht nur Selbstversorgung genannt, sondern – Neudeutsch – Minifarming. Ziel ist es allerdings nicht mehr, sich mit 100 % aller Lebensmittel selbst zu versorgen und damit Geld zu sparen, sondern ganz bewusst einige wenige Dinge auszuwählen und diese anzubauen. Hier reicht die Palette von Salat über Tomaten bis hin zu ausgefallenen Gemüsesorten. Daneben gibt es allerdings auch viele Obstgehölze, die wiederendeckt und -kultiviert wurden, sowie verschiedenste Rassen von Nutztieren. Darunter fallen nicht nur Enten und Hühner, sondern auch die Bienen.

Diese Form der Landwirtschaft findet sehr oft auf einer kleinen Fläche (meist unter 1.000 m²) statt. Da der Platz dann ohnehin begrenzt ist, konzentrieren sich viele Hobbyfarmer auf platzsparende Alternativen. Eine davon ist die Haltung von Bienen, welche nur wenige Quadratmeter in Anspruch nimmt.

Die wirtschaftliche Bedeutung einer solchen Form der Bienenhaltung, welche zur

Für den Einstieg ins Minifarming genügt meist schon ein einziger Bienenschwarm.

reinen Selbstversorgung angelegt wurde, ist vermutlich vernachlässigbar. Wenn wir allerdings davon ausgehen, dass der durchschnittliche Österreicher rund 1 kg Honig pro Jahr vertilgt, entsteht selbst bei einer fünfköpfigen Familie noch ein kleiner Überschuss, welcher vermarktet werden kann.

Betrachtet man die Kosten und Erlöse jedoch etwas genauer (unter anderem mit dem oben vorgestellten Kostenrechnungswerkzeug), ergibt sich selbst bei einer kleinen Anzahl von Bienenstöcken die Möglichkeit Gewinn aus der Haltung zu ziehen oder zumindest die Unkosten wieder zurückbekommt. Diese Variante ist immer mehr im Kommen, da sich viele Freizeitimker nicht mehr den Aufwand von 20 oder mehr Völkern machen möchten. Dadurch wäre es möglich, bei gleichbleibender Volkanzahl (welche jedoch tendenziell die letzten Jahre wieder etwas gestiegen ist) mehr Imker zu haben. Dies ist nicht nur gut für den Berufsstand der Imker (da mehr Menschen in der Imkerei arbeiten und so auch die Werte zu Ziele kommunizieren), sondern erhöht auch deutlich die Regionalität der Produkte.

VOLLERWERBSIMKER – BIENENHALTUNG FÜR DEN LEBENSUNTERHALT

Neben der Haltung von Bienen als Zuerwerb oder als Freizeitbeschäftigung gibt es auch die Möglichkeit, Bienen zu halten und damit seinen Lebensunterhalt damit zu verdienen. Hier gibt es allerdings, wie bei den vorherigen Möglichkeiten auch, verschiedenste Größen der Betriebe. Manche Betriebe in Salzburg haben rund 150 Völker in rein biologischer Haltung und verlangen deutlich höhere Preise als der Durschnitt. Zusätzlich zu den erzeugten Produkten werden hier noch Kurse und Patenvölker angeboten, das ergänzt das Produktangebot und schafft eine zusätzliche Wertschöpfung. Andere Betriebe haben weit über 1.000 Völker und einige Angestellte und beliefern große Supermarktketten mit Bio-Honig aus der Region.

Aber egal ob 100 oder 1.000 Völker, gerade im Vollerwerb wird einem immer mehr klar, dass es sich bei der Imkerei um einen Teil der Landwirtschaft handelt. Die Planung wird immer schwieriger. So ist zum Beispiel der Einfluss des Wetters genauso gegeben wie bei kleineren Imkereien, eventuell sind große Betriebe sogar besser aufgestellt, da die Völker großflächiger verteilt werden, allerdings ist ein verregneter Frühling, in dem kein Ertrag erwirtschaftet werden kann, existenzbedrohend, beim Zuerwerb oder für den Hobbybetrieb „nur“ ärgerlich.

So hat mir ein großer Imker aus dem Raum Wien Folgendes mit auf den Weg gegeben: ***„Die Imkerei hat 2 Härtegrade:***

1. Die Fähigkeit des Imkers dauerhaft Völker zu erhalten/zu vermehren. Wer kürzer als 5 Jahre imkert, hat vieles noch nicht gesehen/erfahren. Gerade nach dieser Zeit setzt auch der Krankheitsdruck vermehrt ein.

2. Organisation/Management: Es verhält sich ähnlich wie bei der Führung von Mitarbeitern, nach jeder Zehnerpotenz muss der Betrieb „neu" aufgesetzt werden. Z. B. macht man 10 Völker nebenbei, gehen 50 auch noch, aber die Organisation muss stimmen, 100 müssen dagegen schon top organisiert sein, den Platz muss man haben und das Kapital."

Generell wird die Haltung von Bienen im Vollerwerb in der Grenzregion Bayern/Österreich etwas mehr. Das liegt womöglich an dem steigenden Interesse an Bienen und deren Erzeugnissen, vielleicht aber auch an den stark gefallenen Erträgen, welche mit anderen landwirtschaftlichen Produkten erzielt werden können, sodass Landwirte auf andere Produktionsfelder – unter anderem die Imkerei – ausweichen.

Hobbyimker erreichen oft größere Mengen Honig pro Volk als Vollerwerbsimker. So gibt es Hobbyimker mit bis zu 100 kg pro Volk. Mancher Vollerwerbsimker ist mit 25 kg schon zufrieden.

Wie bereits oben angesprochen, ist die Organisation in einem Vollerwerbsbetrieb das Um und Auf. Bei den beschriebenen Betrieben gibt es ganz klare Strukturen und Einteilungen. Die Völker werden auf eigene Imker und Reviere aufgeteilt, die Anzahl der jährlichen Öffnungen ist genau definiert, die Standorte werden auf Erträge abgeschätzt und Pachtverträge unterzeichnet.

So spielt die Logistik innerhalb des Betriebes eine immer größere Rolle. Alleine die Lagerung der im Winter nicht benötigten Rähmchen und Beuten, die Gewinnung des Wachses und die technisierte Abfüllung sind nur einige Herausforderungen, die eine Großimkerei zu bewältigen haben.

Viele Imker, welche im Vollerwerb wirtschaften, haben mit einigen wenigen Völkern begonnen und sind über ein organisches Wachstum jedes Jahr Schritt für Schritt gewachsen. Ein solches Szenario ist auch Teil der Planrechnung, welche oben beschrieben wurde. Über einen relativ überschaubaren Horizont ist es so möglich, von 2 Bienenstöcken und einer schönen Freizeitbeschäftigung hin zu einer Imkerei zu wachsen, welche über 1.000 Völker umfasst und den Lebensunterhalt für viele Menschen sichert. Durch dieses organische Wachstum ist es auch möglich, selbst in den Betrieb „hineinzuwachsen". Die jährlich steigenden Anforderungen werden Schrittweise größer und der Arbeitsaufwand höher. So kann zum Beispiel ein „geordneter Rückzug" aus dem Arbeitsleben hin in die Selbständigkeit schrittweise erfolgen und man konzentriert sich eine ganze Weile noch auf zwei Standbeine, eher dieser Schritt gesetzt wird.

Die Ausrichtung des Betriebs spielt hier ebenfalls eine zentrale Rolle. Welche Produkte werden erzeugt? Welche Mengen angepeilt? Spielen Zertifizierungen (Bio etc.) eine grundlegende Rolle? Über welche Vertriebswege soll vermarktet werden? Welches Ziel hat der Betrieb? Bei welcher Größe ist Schluss mit dem Wachstum? Viele Fragen kommen hier zusammen, welche alle wohlüberlegt sein sollten. Die Richtung bei 10 Völkern zu ändern, geht noch relativ leicht, bei 1.000 ist das Ganze schon viel schwieriger und mit unendlich viel Mühen verbunden. Daher sollte man sich zu Beginn, wenn eine Karriere als Vollerwerbsimker angestrebt wird, Gedanken über diese Punkte machen und sich selbst Ziele festlegen, welche erreicht werden sollen (und in welchen Zeiträumen). So geht man sicher, dass man am Geplanten nicht vorbeischießt und eine ganz andere Richtung einschlägt.

Eines sei hier allerdings auch erwähnt, reich wird man mit der Imkerei nie, egal ob Vollerwerb oder Freizeit. Bienen und die Imkerei als Ganzes bleiben eine Leidenschaft. Man kann bei guter Betriebsführung und richtigen Verhältnissen ordentliche Erträge erzielen, Millionär wird man allerdings nicht so schnell. Die Imkerei ist hier keine Ausnahme zur gesamten Land- und Forstwirtschaft. Besonders gilt auch zu beachten, dass für den Aufbau einer großen Imkerei auch einiges an Kapital benötigt wird. Rechnet man rund EUR 350,- pro Volk auf 1.000 Völker hoch, sind das gesamt EUR 350.000,-, was dem Gegenwert einer schönen Wohnung in Salzburg entspricht, oder ca. 15 Hektar Wald (ebenfalls in Salzburg) etc. Natürlich wird dieser Betrag wieder durch die Bienenhaltung erwirtschaftet, man sollte sich diese Summen dennoch kurz vor Augen halten.

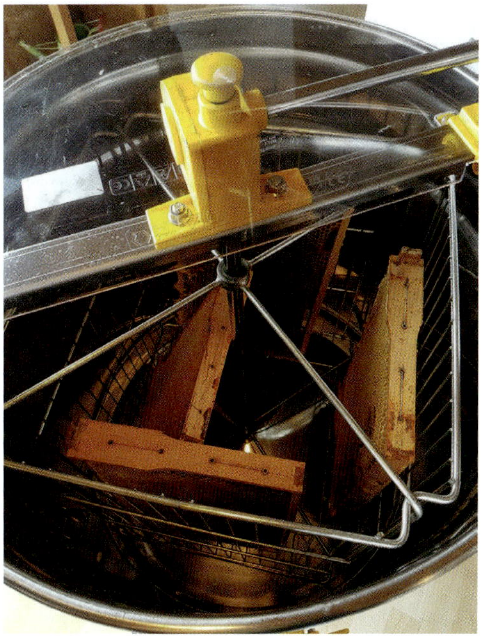

Der Moment der Wahrheit: Wie viel Honig tatsächlich in den Waben steckt, lässt sich erst nach dem Schleudern genau sagen.

KLEINE ENTSCHEIDUNG – GROSSE WIRKUNG

Oft ist es so, dass man sich gar nicht bewusst für etwas vermeintlich Kleines entscheidet und dann überrascht ist, welch große Auswirkungen dies dann auf viele Bereiche des Lebens hat. So ist es auch in der Imkerei. Eine kleine Entscheidung wirkt sich oft größer aus, als erwartet. Hier sollten einige dieser Beispiele thematisiert werden und den Imker sensibilisieren, auch bei kleinen Entscheidungen die Auswirkungen zu bedenken.

HONIGGLÄSER – AUF DIE GRÖSSE KOMMT ES AN

Die Wahl der Honiggläser und deren Größe ist für viele Imker eher Nebensache. So wird bei den meisten älteren Imkern immer noch das 1-kg-Glas vorherrschen und nur manchmal wird sich ein ½-kg-Glas dazugesellen. Dieses Bild ändert sich allerdings mit der neuen Generation der Imker und vor allem mit den steigenden Erwartungen der Konsumenten. So werden kleinere und ausgefallenere Gläser immer interessanter bzw. beliebter werden. Dennoch sollten hier auch die Auswirkungen der verschiedenen Gläser in einem Gedankenspiel durchdacht werden.

Die Verfügbarkeit von kleineren Gläsern hat sich über die letzten Jahre deutlich verbessert. Imker können über das Internet, aber auch über die lokalen Händler zunehmend mehr und mehr auf diverseste Gläser zurückgreifen. So war es den Imkern vor 50 Jahren oft nicht in diesem Umfang möglich und es wurde das genommen, was zu haben war; in den meisten Fällen 1-kg-Gläser. Heute greifen Konsumenten lieber zu kleineren Verpackungen. Auch werden die Verpackungen als Allererstes vom Kunden bemerkt. Den Geschmack des Honigs erlebt der Kunde erst in einem zweiten Schritt, nachdem er bereits zugegriffen hat. Die Verpackung hat daher neben der Schutzfunktion des Inhaltes auch eine Funktion im Sinne von Marketing. Sie sollte also beide Faktoren miteinander vereinen und so den Inhalt bestmöglich schützen und dennoch die Kunden dazu animieren, zuzugreifen. Eine beliebte Möglichkeit, sich von der Masse abzusetzen, kann daher die Veränderung der Verpackungsgröße sein. Anstelle von einem großen Glas könnte man zwei kleine Gläser gemeinsam, in einer Geschenkbox oder Ähnlichem, anbieten und so dem Kunden die Möglichkeit geben, gleich zwei herrliche Produkte zu testen. Wenn sie ihm schmecken, wird er hoffentlich wiederkommen.

Ebenfalls große Beachtung findet das Etikett. Darauf müssen alle wesentlichen Merkmale und gesetzlich vorgeschriebenen Details aufgedruckt sein. Dennoch sollte es ansprechend designt sein und den Käufer ansprechen. Natürlich muss nicht jeder Imker sein eigenes Etikett entwickeln, man kann auf das Standardsortiment der diversen Imkereiverbände oder Fachgeschäfte zurückgreifen. Hier werden die Kosten gering sein und man muss sich keine bzw. wenig Gedanken machen, was auf das Glas kommt. Gerade wenn man aber noch keine Stammkundschaft hat, ist es wichtig, aufzufallen, auch über das Etikett. Für die Beschäftigung mit diesem Thema eignet sich die Zeit im Winter hervorragend. Die Tage sind kalt und kurz, die Bienen sind mit sich selbst beschäftigt und der Imker hat Zeit, sich mit der Betriebswirtschaft auseinanderzusetzen. Mit etwas Geschick kann man es auch als Nicht-Designer schaffen, ein ordentliches und ansprechendes Etikett zu kreieren. Tut man sich mit solchen Dingen etwas schwerer, gibt es sicher Hilfe in der näheren Umgebung (zum Beispiel verdienen sich hier Studenten gerne ein bisschen etwas dazu). Für die Betriebe, die eine entsprechende Größe erreicht ha-

Zwei Gläser des österreichischen Imkerbundes mit verschiedenen Honigsorten: 500 g Waldhonig (links) und 250 g Frühjahrsbracht (rechts)

ben, führt dann ohnedies kein Weg mehr an einer Werbeagentur bzw. einem Designer vorbei. Diese Kosten wirken zwar auf den ersten Blick wie Geldverschwendung, da damit kein direkter Gewinn verbunden ist, allerdings rentiert sich diese Anschaffung sehr schnell.

Neben dem Verkaufsaspekt muss die Verpackung, in unserem Fall die Honiggläser, praktisch sein. Für den Imker muss sie leicht zu handhaben sein, die Sauberkeit muss gewährleistet bleiben und die Lagerung sollte gut funktionieren. Die Entscheidung, welche Form der Verpackung man also wählt, hat auch hier große Auswirkungen. So gibt es große Unterschiede, ob man den Honig in 50-kg-Eimern lagert oder in ¼-kg-Gläsern. Hier spielen die Parameter des Absatzmarktes (an wen verkaufe ich meine Ware, braucht dieser große Mengen oder doch lieber kleinere), des Lagerraumes (ein Eimer braucht deutlich weniger Platz und hat weniger Gewicht als die abgefüllten Gläser) und des Kapital- und Arbeitseinsatzes (die Kosten für einen Eimer sind geringer als für Gläser und die Arbeit ist mit dem Eimer deutlich geringer) eine entscheidende Rolle.

Alles zusammen kommt bei so einer kleinen Entscheidung also eine große Flut an Nach- bzw. Auswirkungen auf den Imker zu. Oft bedenkt man den Schritt nicht und wundert sich im Nachhinein dann doch, wieso man diesen gegangen ist und sich nicht mehr Gedanken dazu gemacht hat.

Selbstverständlich gehört auch in diesem Bereich der Betriebswirtschaft und -führung alles immer überdacht. Der stetige Wandel von Kundenverhalten, Haltungsformen etc. macht es nötig, dass sich auch die Imker anpassen und damit neu erfinden müssen, wie z. B. dass man nach ein paar Jahren neue Gläser anschafft oder das Etikett adaptiert. Anfangs wird es schwierig, sein Gewohntes aufzugeben, die (neuen) Kunden und der Imker selbst werden es aber zu schätzen wissen. Für einen Wandel ins Positive ist es also nie zu spät.

BIENENRASSEN – DARUM PRÜFE, WER SICH EWIG BINDET?

So wie bei den Menschen gibt es auch bei den Bienen unterschiedliche Ausprägungen. Die einen vertragen den Winter besser, die anderen brauchen viel Sonne und Wärme und wieder andere sind sehr genügsam und fliegen sogar bei Regen. Diese unterschiedlichen Rassen sind bzw. waren von Region zu Region heimisch und haben sich oft optimal an das dortige Klima angepasst. Durch die Zucht und die starke Verbreitung der Carnica und der Buckfast-Bienen wurden diese lokalen Rassen oft sehr stark zurückgedrängt.

Beim Einstieg in die Imkerei überlegen viele Imker nicht, welche Eigenschaften welche Rasse hat, sondern kaufen das, was am Markt verfügbar ist. So greift man im Eifer des Gefechtes oft voreilig zu und hat dann, vermeintlich, ewig etwas am Hals, was nicht ganz passt.

Hier gilt es jedoch auch zu erwähnen, dass es in Österreich durch die Landesgesetze in diversen Bundesländern Beschränkungen gibt. So haben Imker in Teilen Österreichs gar keine Wahl und müssen auf die Carnica zurückgreifen, auch wenn andere Bienenrassen deutlich besser in die Betriebsweise des Imkers passen würden.

PRAXISTIPP! Bienenzucht-Ländergesetze

Die oben angesprochenen Landesgesetze finden Sie im Internet unter www.ris.bka.gv.at. Diese nennen sich meistens Bienenzucht- oder Bienenwirtschaftsgesetz. In Salzburg wird unter anderem darauf verwiesen, dass alle Bienenrassen, welche an das Klima im Salzburger Land angepasst sind, grundsätzlich genehmigt sind, eine genaue Definition liefert allerdings die Kammer für Land- und Forstwirtschaft Salzburg.

Neben den biologischen Eigenschaften (Brutverhalten, Volkentwicklung im Jahreskreislauf etc.) hat die Wahl der Biene aber auch einen deutlichen wirtschaftlichen Aspekt. So ist die eine Rasse weniger leistungsstark als die andere und sammelt deutlich weniger Honig, die Kosten für die Bewirtschaftung bleiben allerdings gleich. Damit ergibt sich aber wiederum ein niedrigerer Gewinn für den Imker und der finanzielle Anreiz zur Bienenhaltung ist geringer oder fällt ganz weg. Aus betriebswirtschaftlicher Sicht würde es nun Sinn machen, die Rasse zu bevorzugen, die mehr Erträge erwirtschaftet bzw. den meisten Honig einbringt. Das Ganze ist allerdings doch etwas heikler.

Der Imker steht in diesem Zusammenhang vor verschiedenen Herausforderungen, die er abwägen muss, wenn das beste Ergebnis für sich selbst und die Bienen erzielen will. Greift der Imker zum Beispiel auf eine Rasse zurück, die enorm hohe Mengen an Honig produziert und dafür nicht über den Winter kommt, weil sie die klimatischen Verhältnisse vom Herbst bis in das Frühjahr schlecht verträgt, hat der Imker nichts gewonnen, sondern einen noch höheren Verlust eingefahren. Hingegen kann ein Volk mit geringen Mengen und dafür guter Volkentwicklung besser für den Imker sein. Ist die Produktion von Bienenvölkern relevanter als die des Honigs, da die Imkerei primär das Geld mit dem Völkerverkauf erwirtschaftet, kann die Menge an Honig mehr vernachlässigt werden.

Wenn eine Bienenrasse weniger Erträge in Form von Honig erbringt, kann sich der Imker aber auch daranmachen, diese Verluste zu kompensieren. Am besten geht dies, indem man aus den Schwächen der Imkerei einfach eine Stärke macht und diese auch als Stärke an den Kunden verkaufen kann. In der Grenzregion Salzburg, Tirol und Bayern gibt es noch die so genannte „Schwarze Biene“. Diese alte Rasse gibt es nur mehr ganz selten und sie steht auf der Liste der bedrohten Tierarten (derzeit

Dunkle Bienen: eine immer seltener werdende Bienenrasse in Mitteleuropa

nur mehr rund 1.200 Völker weltweit vorhanden). Diese Bienenrasse liefert etwas weniger Honig als die in dieser Region am meisten verbreitete Carnica und die Buckfast. Wenn man aber dieses Merkmal der Seltenheit auf das erzeugte Produkt umlegt und damit wirbt, dass die Biene vom Aussterben bedroht ist, dann kann man auch mehr für das Erzeugnis verlangen. Der Konsument kauft in diesem Fall nicht nur Honig, sondern tut Gutes – er rettet eine Tierrasse vor dem Aussterben. Die Verluste, die mit der geringeren Ausbeute verursacht werden, können somit spielend wieder ausgeglichen werden und noch dazu erhält man ein besonderes Merkmal, das den eigenen Honig von denen der anderen Imker abhebt.

Die Wahl der Bienenvölker spielt aber auch, meist etwas später in der Imkerkarriere, eine wichtige Rolle. Ist der Sollstand an Bienenvölkern im eigenen Betrieb erreicht, kann die Biene selbst zu Geld gemacht werden. Der Verkauf ganzer Völker ist ein sehr einträgliches Geschäft und wird einen schönen Gewinnsprung in der Imkerei bewirken. Die Frage bei dieser Sache ist nur, ob meine Kunden überhaupt mein Produkt kaufen. Wenn man eine sehr exotische Bienenrasse, wie die oben erwähnte „Schwarze Biene", hält und verkaufen will, kann es schwierig werden, Abnehmer zu finden. Leichter geht dies mit den geläufigen Rassen wie Carnica und Buckfast. Jetzt wird der kluge und betriebswirtschaftlich gebildete Imker aber einwenden, dass dieser Nachteil wieder ein Vorteil werden kann bzw. soll. Gerade die Rarität der Rassen macht es spannend für Imker, diese zu besitzen, Imker die nur diese Rasse halten möchten, haben oft wenig Auswahl und müssen höhere Preise hinnehmen. Alles eine Sache der richtigen Herangehensweise und Vermarktung.

BEUTEN UND ZARGEN – HOLZ ODER STYROPOR?

Ähnlich wie bei den Bienenrassen „passiert" es vielen Imkern, dass sie durch ihren Lehrvater in eine Richtung gedrängt werden, auch im Bereich der Beuten und Zargen. Die meisten Imker in Mitteleuropa arbeiten noch mit den traditionellen Holzbeuten, doch die Styroporbeute drängt merklich auf den Markt und gewinnt dort auch an Anteilen. Gerade die vermehrte Verfügbarkeit von allen verschiedenen Rähmchenabmessungen, Höhen etc. macht die Styroporbeute deutlich attraktiver als noch vor einigen Jahren. Doch welche Auswirkungen hat die Wahl der Beuten eigentlich auf die Zukunft eines Betriebes?

Sowohl der Werkstoff Holz als auch Styropor bieten verschiedene Vor- und Nachteile für den Imker und auch für die Bienen. Generell ist es zwar den Bienen egal, welches Material verwendet wird, solange es nicht hineinregnet und dunkel ist, aber dennoch verhält sich das Raumklima anders. Bei den Temperaturschwankungen über das gesamte Jahr hinweg sind Beuten aus Styropor deutlich besser isoliert als der Gegenspieler aus Holz. Holz wiederum ist für den Ausgleich der Feuchtigkeit innerhalb des Bienenvolkes besser geeignet.

Besonders ältere und vorrausschauende Imker greifen immer mehr zu Styroporbeuten, da diese vom Handling her deutlich angenehmer sind. Das Gewicht ist hier deutlich geringer, was den Rücken und die Muskelkraft schont. Dies erspart oft auch einiges an Arbeitszeit. Bei schwereren Ausführungen wird oft nur eine Zarge transportiert, bei leichteren Ausführungen sind auch schon einmal mehrere kein Problem.

Auch aus betriebswirtschaftlicher Sicht ergeben sich die verschiedensten Aspekte, die Beachtung finden sollen. Die Kosten für die Anschaffung von Holz- und Styroporbeuten ist bei beiden Produkten annähernd gleich und kann damit vernachlässigt werden. Von der Langlebigkeit sind ebenfalls beide Typen sehr ähnlich und bedürfen eines Austausches nach 10 bis 20 Jahren. Also kann es nicht von der Kostenseite kommen, dass man sich für eines der beiden Produkte entscheidet (hier lassen wir die Selbsterzeugung von Holzbeuten im Eigenbau vorerst einmal außen vor). Trotz des gleichen Anschaffungsaufwandes sind die Kosten für die laufende Instandhaltung durchaus verschieden. Beuten aus Holz müssen, wenn sie einmal gestrichen wurden, immer wieder gestrichen werden. Dies hat zur Folge, dass der Imker beschäftigt ist und Geld in die Instandhaltung fließt. Ebenfalls sind die Ausbesserungsarbeiten bei Holzbeuten meist aufgrund der dünneren Ausführung und dem verzogenen Holz höher als bei Styroporbeuten. Holz ist ein lebender Werkstoff und verhält sich auch so. Daher kann die Passform bei manchen Beuten durchaus variieren.

Durchaus relevant für die Wahl der Bienenbeuten ist die Umstellung auf biologische Landwirtschaft. Diese ist nur mit Beuten aus natürlichen Materialien möglich und bedarf deshalb Beuten aus Holz. Der damit verbundene Mehraufwand im

Frisch in einer Styroporbeute einquartierter Bienenschwarm

Zwei Bienenvölker in Styroporbeuten

Bereich der Wartung und Instandhaltung ist daher auch eine Belastung für den Gewinn oder die Marge, die dem Imker bleibt. Hat sich der Imker jedoch zu Beginn seiner Laufbahn dazu entschieden, Styroporbeuten zu verwenden, und seinen gesamten Betrieb darauf ausgelegt und möchte nun auf biologische Landwirtschaft umsteigen, ergibt sich ein mittelgroßes Problem. Man steht vor der Wahl zwischen der Umstellung und Anschaffung von neuen Arbeitsmaterialien. Diese Neuanschaffung würde je nach Größe der Imkerei einiges an Geld verschlingen. Richtig geplant hingegen, kann der Austausch der Beuten erfolgen, indem man die alten Beuten, welche kaputt oder zu stark verschmutzt sind, durch neue aus Holz ersetzt.

Auch die Fütterung ist bei der Arbeit mit Styropor einfacher als jene mit Holzbeuten. Bei Beuten aus Kunststoff ist es möglich, eine Futterzarge oben aufzusetzen und direkt dort das Winterfutter einzufüllen. Diese Arbeit kann schnell und sauber ausgeführt werden, die Zarge wird einfach ausgewaschen und die Arbeit ist beendet. Im Vergleich dazu ist die Methode mit den Plastikkübeln in einer leeren Zarge deutlich beschwerlicher. Es gibt allerdings auch schon bei den Modellen aus Holz Ausführungen von Futterzargen, die Praktikabilität muss sich allerdings noch herausstellen.

RISIKOFAKTOREN IN DER IMKEREI

Wie in allen Lebensbereichen gibt es auch in der Imkerei viele Faktoren, die in das tägliche Arbeiten mit einfließen. Im Folgenden wird eine Übersicht der häufigsten Faktoren gegeben, welche die Arbeit mit den Bienen, die Erträge und Kosten sowie viele verschiedene Bereiche erleichtern, aber auch erschweren können.

WETTER

Einer der heikelsten Punkte bei der Bienenhaltung ist das Wetter. Als Bereich der Landwirtschaft unterliegt auch die Imkerei den externen Einflüssen und damit auch dem Wetter. Als Imker kann man gegen schlechtes, aber auch gegen gutes Wetter wenig machen (von der Übersiedlung des Bienenstandortes in südlichere Gefilde abgesehen). Das gesamte Geschehen und Wachstum des Volkes richtet sich nach dem Wetter.

Gibt es zum Beispiel einen kalten Winter ist dies besser gegen die Varroamilbe, die Wintertraube bleibt schön zusammen und es wird weniger Honig benötigt. Ist das Wetter im Frühjahr gut und warm, ist eine schnelle Entwicklung des Volkes möglich und die Erträge im Frühsommer sind meist hoch. Wenn es hingegen Jahre gibt, in denen es scheinbar nur regnet und der Winter sich lange ins Jahr hinein erstreckt, sind die Erträge und die Entwicklung der Völker meist geringer.

Die einzige Option, die dem Imker bleibt, ist, dass er das Beste aus dem Wetter macht und die Bienen möglichst gut begleitet und auch hier das Optimum herausholt. Hier

Besonders im Frühsommer neigen Bienenvölker nach regnerischen Tagen beim ersten Sonnenschein zu schwärmen.

spielt besonders die Erfahrung eine große Rolle, da der richtige Umgang bei den unterschiedlichsten Situationen nicht ausschließlich aus Fachbüchern erlernt werden kann, sondern viel probiert werden muss. Mit ein wenig Gespür für seine Tiere hat der Imker jedoch meist gute Chancen, das Richtige zu machen.

DER IMKER AN SICH

Auch der Imker selbst ist einer der wichtigsten Faktoren, die das Geschehen im und um das Volk am stärksten beeinflusst. Es fängt schon damit an, ob der Imker allergisch gegen Bienengift ist oder nicht. Wenn dies der Fall ist, ist meist auch der Umgang mit den Bienen ein anderer, als wenn keine Allergie vorliegen würde (sofern man dann überhaupt in die Imkerei einsteigt). Ist der Imker immer recht nervös bei der Bearbeitung der Völker, passieren öfters Fehler, als wenn große Erfahrung und Routine mit am Werk sind. Bei solchen Fehlern kann es vorkommen, dass Königinnen verloren gehen und damit das gesamte Volk geschwächt wird.

WELCHE ZIELE WERDEN VERFOLGT?

Ein besonderer Punkt ist auch die Zielsetzung der einzelnen Imker. Legt man besonderen Wert auf die Produktion von Honig, wird man jeden Tropfen, der im Volk enthalten ist, herausholen und diese Menge wieder mit Zuckerwasser etc. auffüllen. Ist man hingegen auf die Zucht von Bienenvölkern und -königinnen ausgelegt, wird

Frisch eingelagertes Winterfutter

man versuchen, nur die stärksten Völker zu erhalten und so zu selektieren, dass auch einmal schwächere Völker aufgelöst werden und diese einem starken Volk zugeschlagen werden. Hier spielt dann auch die Entnahmemenge von Honig eine untergeordnete Rolle, solange die Volkgesundheit und -stärke nicht gefährdet werden. So werden nach jeder einzelnen Zielsetzung der Imker die Eingriffshäufigkeit und die Art der Eingriffe immer etwas unterschiedlich sein.

Als Ertrags- und Risikofaktor ist jedoch bei der Zielsetzung darauf zu achten, dass die Ziele auch mit den Möglichkeiten, die der Imker und der gesamte Betrieb haben, zusammenpassen. Setzt man „falsche" Ziel, die man unbedingt erreichen möchte, ärgert man sich häufig, warum diese nicht erreicht werden. Man verwendet sehr viele Ressourcen darauf, welche jedoch gespart werden könnten, wenn das Ziel von vornherein gepasst hätte. Oft ist es am einfachsten, seine Ziele mit Augenmaß zu planen, sich nach einigen Tagen nochmals darüber Gedanken zu machen und sich die Erreichung der eigenen Ziele nochmals durchzudenken. Dann kommt der Imker meistens selbst auf seine Schwächen in der Zielsetzung darauf und kann nachbessern.

BIO – ERTRAGS- UND RISIKOFAKTOR?

Wie bereits oben erwähnt, kann die biologische Bienenhaltung viele Chancen bringen. Aber wo es Chancen gibt, gibt es auch immer Risiken, so auch bei der Haltung von Bienen mit der biologischen Betriebsweise. Viele Faktoren sprechen für den Bio-Betrieb. So sind die Abhebung von den Mitbewerbern, die meist höheren Marktpreise und auch das damit verbundene Gefühl des Imkers Faktoren, die den gesamten Betrieb nach vorne bringen können.

Als Risikofaktor ist unter anderem die verstärkt mögliche Ausbreitung von Krankheiten zu nennen. Durch die rein natürlichen Behandlungsmethoden ist die Bekämpfung von Krankheiten im fortgeschrittenen Stadium meist um einiges schwieriger, als wenn man mit viel Chemie die Krankheit bewältigt. Daher ist eine besonders nachhaltige und langfristig angelegte Kontrolle der Völker und die damit verbundene Erhaltung eines guten Gesundheitszustandes nötig. Diese ausgiebigen Kontrollen sind jedoch mit Arbeit und Genauigkeit verbunden, was wiederum einiges an Arbeitsleistung des Imkers in Anspruch nimmt.

Eine Biene lagert frischen Honig in die Wabe ein.

STANDORT

Bei der Auswahl eines Standortes für die Bienenvölker spielen viele Faktoren eine große Rolle: An- und Abfahrtsmöglichkeiten, Erreichbarkeit per Auto, zu Fuß oder mit anderen Methoden. Dazu kommen noch einige Themen, die die Bienen direkter betreffen, wie die Sonneneinstrahlung, die Temperaturen und Trachtverhältnisse. Diese einzelnen Punkte spielen für die gesamte Imkerei – den Betrieb und die Bienen an sich – eine große Rolle.

Die Faktoren, die den Imker betreffen, sind vor allem logistischer Natur. Die An- und Abfahrt zum Standplatz ist heutzutage noch wichtiger als in den vergangenen Jahrzehnten. Man möchte am liebsten bis zum Bienenstock fahren und nur zwei Schritte weg vom Auto machen müssen. Jetzt ist jedoch eine gute Erreichbarkeit nicht unbedingt die beste Vorrausetzung, um idyllische und abgelegene Orte in der Nähe des Imkers zu finden. Der Standort sollte zudem sonnig und nach Süden oder Südwesten ausgerichtet sein und nicht unbedingt neben der Autobahn liegen.

Reichlich Trachtangebot ist besonders relevant für die Standortwahl.

Daneben ist es für die Bienen viel wichtiger, dass Sie genügend Trachtquellen zur Verfügung haben und die Temperaturen einigermaßen im Rahmen bleiben. So ist etwa die Trachtquelle auch auf Bergwiesen durchaus gegeben, die Temperaturen auf 1.500 oder 2.000 Metern Seehöhe sind jedoch weniger optimal. Die Sonneneinstrahlung und die mittlere Jahrestemperatur sind daher besonders relevant in Hinblick auf die Ertragsleistung der Bienenvölker.

Alles zusammen ist die Findung des Standortes die Entscheidung, an der die meisten Faktoren zusammenlaufen. Daher sollten alle Chancen und Risikofaktoren gesammelt werden und eine mögliche Auswahl an Standorten zur Verfügung stehen. Die Abwägung, welcher Standort dann gewählt wird, ist daher sehr schwierig und sollte lange überlegt werden, da das Wechseln meist mit viel Arbeit verbunden ist und man als Mensch (aber auch als Biene) Gewohntes ungern aufgibt.

Der Wechsel eines Standortes ist besonders für die Bienen mit einer starken Umgewöhnungsphase verbunden. Ist der neue Standplatz zu nahe am alten, werden die Bienen immer wieder zu diesem zurückkehren und gehen dem Volk am neuen Platz verloren. Solche Schwächungen des Volkes können fatale Folgen haben, lassen sich aber von Vornherein vermeiden.

ABSATZMÄRKTE

Eines der größten wirtschaftlichen Risiken ist, wenn man viel produziert und Geld bzw. Zeit investiert und dennoch seine Produkte nicht zu Geld machen kann, weil der Absatzmarkt nicht gegeben ist. Durch das Fehlen eines solchen erzeugt man ein hohes Lager, geht das Risiko ein, dass die Waren schlecht werden und verdient damit auch kein Geld.

Entsprechend den Bedürfnissen und Mengen eines jeden Imkers sollte auch der entsprechende Weg gefunden werden, wie die Produkte verkauft werden sollen. Kleine Mengen können am besten in der Nachbarschaft verkauft werden, mittlere benötigen schon eine regionalere Aufstellung und sehr große Mengen können bzw. müssen sogar national bzw. international angeboten werden.

Es ist als Imker, der in dieser Funktion viele Berufe vereint (Landwirt, Unternehmer, Logistiker, Landschaftspfleger etc.) wichtig, diese Absatzmärkte zu finden und das für die Imkerei geeignete Vertriebsnetz aufzubauen. Hilfreich ist hier oft auch die Recherche, was der Markt (in diesem Fall die Imker in der gleichen Größenordnung und Region) macht. Wie verkaufen die Kollegen den Honig, haben diese spezielle Tipps und Tricks, die vielleicht auch bei einem selbst helfen? Alleine davon kann man viel für sich selbst ableiten und muss das Rad nicht neu erfinden.

Sollte man alles fein säuberlich geplant haben und dennoch keine Abnehmer für seine Erzeugnisse finden, ist es wichtig, dies schnell zu erkennen. Wenn man viele Jahre zusieht, wie sich der Honig im Keller aufstapelt und immer mehr wird, ist es meist viel schwieriger, etwas zu verändern. Ein weiteres Problem daran ist, dass man mit großen Mengen an Produkten schwieriger eine neue Strategie einschlagen kann, da diese „Altlast“ schwer wieder loszuwerden ist. Wenn man jedoch durch Kontrolle und Verbesserung der Planung sowie Anpassung der Strategie den laufenden Betrieb kontinuierlich weiterentwickelt, ist ein Übergang zur gewünschten Positionierung leichter. Somit müssten zwei Konzepte herangezogen werden, einmal für die große Menge im Lager und dann für die laufend erzeugten Mengen. Eine Analyse der eigenen Absatzstrategie bleibt dann unumgänglich. Man stellt sich die Fragen: Was verkaufe ich? Wie viel verkaufe ich? Wo und über welche Kanäle verkaufe ich? Woher weiß der

Vor dem Verkauf steht erst die Ernte.

Kunde überhaupt von mir? Was möchte der Markt und passen meine Produkte dazu? Diese Aufzählung ließe sich natürlich noch ins Unendliche weiterführen und soll aufzeigen, wie die Vorgehensweise, sowohl für den Hobbyimker als auch für den großen Agrarkonzern mit einigen Tausend Völkern sein sollte. Hat man schließlich einen oder mehrere Punkte gefunden, an welchem Ausbaubedarf besteht, sollte die Anpassung langsam, aber kontinuerlich erfolgen und immer der Abgleich gemacht werden, was die gesetzte Maßnahme bringt.

Dieses Prinzip, welches in der Technik und im Management bereits seit ewigen Zeiten eingesetzt wird, läuft immer nach dem gleichen Schema ab: planen, ausführen, kontrollieren, nachbessern. Dieser Kreislauf hört allerdings niemals auf. Die Konsumenten verändern ihre Bedürfnisse, die Ansprüche des Imkers an seine Produkte ändern sich, die Haltung von Bienen und die damit erzeugten Mengen an Produkten stellt sich um.

Diese ständige Veränderung muss auch im Verkauf und der täglichen Arbeit berücksichtigt werden. Innovative Unternehmen sind so oftmals vorne dabei und können den Markt für sich gewinnen, da sie dem Trend folgen und den anderen voraus sind.

KRANKHEITEN

Krankheiten können für den Imker und die Bienen zu einer großen Bedrohung werden. Oft werden am Anfang einer Imkerei noch keine Anzeichen dafür gesehen, nach einigen Jahren breiten sich die Krankheiten allerdings rasch aus und ein schnelles und sauberes Handeln ist gefragt. Auch können Krankheiten auf andere Völker übergreifen und so den gesamten Bestand, der über viele Jahre mühevoll erarbeitet wurde, vernichten.

Kleines Tier, aber große Wirkung: ein von der Wachsmotte befallenes Rähmchen

Daher ist ab dem ersten Tag auf die Gesundheit der Völker zu achten. Damit kann man von Vornherein verhindern, dass es zu einer Bildung von Krankheiten kommt. Dies ist durch ein sauberes und ordentliches Arbeiten mit den Bienen selbst möglich, aber auch durch die Pflege des verwendeten Materials. Eine typische Winterarbeit ist es zum Beispiel, dass der Imker seine Zargen und Rähmchen auf Vordermann bringt und alles säubert bzw. desinfiziert.

Bei Beuten aus Holz ist dies relativ gut und schnell durch das Abflämmen der Zargen möglich, bei Styropor kann auf einen Hochdruckreiniger (mit heißem Wasser) zurückgegriffen werden, welcher mit wenig Druck auch keine Schäden am Material anrichtet. Aber auch das Handwerkzeug, wie den Stockmeißel, den Smoker und die Rähmchenzange, kann und sollte man in regelmäßigen Abständen einmal ordentlich reinigen. In diesem Fall ist die Vorbeugung die beste Methode, um Bienen und Imker zu schützen.

Sollte dennoch einmal eine Krankheit ausbrechen, muss sofort gehandelt werden. Daher ist auch die Nachschau in regelmäßigen Abständen so wichtig. Der Imker darf in diesem Fall aber auch nicht vor dem letzten Mittel, der Vernichtung des eigenen Volkes, zurückscheuen. Dieser Schritt ist zwar nicht einfach, dient jedoch dem Schutz der anderen eigenen, noch gesunden Völker und ist auch aus wirtschaftlicher Sicht wichtig und richtig. Ein krankes Bienenvolk produziert weniger und die Qualität wird deutlich leiden. Zudem kommt noch die Frage, wer selbst gerne Honig von einem kranken Bienenvolk essen würde?

WACHSTUM

Das Wachstum ist ein fester Bestandteil jeder betriebswirtschaftlichen Betrachtung. Durch das Wachstum können so genannten Skaleneffekte erzielt werden, bei denen jedes Gut, das mehr produziert wird, günstiger wird. Auch kann der Imker sein angeeignetes Wissen so für mehr Völker nutzen und damit verteilen sich die Kosten, welche im Zusammenhang mit dem Erwerb dieses Wissens standen, auf mehr Völker und werden somit anteilig geringer.

Wachstum wird von den meisten Imkern, gerade in der Anfangsphase, stark gefordert. Zum einen kann man damit mehr produzieren, zum anderen ist man bei einem Ausfall von ein paar Völkern nicht gleich seine gesamte Imkerei los. Zudem stellen Bienen eine Quelle für die Erzeugnisse, aber auch eine Kapitalressource dar.

Jede Imkerei hat einen gewissen Punkt, ab dem das Wachstum nicht mehr möglich bzw. nicht mehr gewünscht ist. Hier können die eingesetzten Ressourcen einen entscheiden Faktor darstellen. Steht genügend Kapital für die Beschaffung sämtlicher Beuten und Materialien zur Verfügung? Auch kann es sein, dass der Platz begrenzt ist und man keinen zweiten Standort eröffnen möchte. Dazu kommt noch die Arbeitszeit, die der Imker aufbringen muss. Lässt sich diese noch mit der regulären Arbeit vereinbaren oder müssen hier Abstriche gemacht werden?

Ist der Punkt einmal erreicht, den sich jeder Imker gesetzt hat, stellt sich die Frage, was man mit dem Wachstumspotenzial der Bienen anstellt. Eine komplette Einstel-

Die letzte Möglichkeit: Rähmchen mit Wachsmottenbefall werden verbrannt.

lung der Vermehrung wäre aus betriebswirtschaftlicher und aus arbeitstechnischer Sicht wenig zielführend bzw. vollkommener Unsinn. Betriebswirtschaftlich gesehen sollte ein Wachstum ins Unendliche die höchsten Erträge erzielen, da die Deckungsbeiträge immer (wenn auch bei größeren Mengen nur mehr minimal) besser werden. Für den normalen Imker ist dies jedoch meist nicht möglich. Sobald dieser Punkt erreicht ist, an dem das Limit des Imkers ausgeschöpft ist, können andere Wege beschritten werden. Zuallererst sollte der Erhalt des eigenen Betriebes gesichert werden und die Nachzucht dafür verwendet werden, um die Ausfälle des Winters abzudecken. Der dann noch verbleibende Überschuss kann dann verkauft werden und somit in Kapital umgewandelt werden. Dieses zusätzliche Einkommen kann den Betrieb deutlich wirtschaftlicher machen und bringt relativ schnell hohe Gewinne ein. Aus arbeitstechnischer Sicht ist es sinnvoll, neue Völker zu gründen, um den Schwarmdruck der einzelnen Völker (welcher auf den natürlichen Wunsch der Bienen nach Wachstum und Vermehrung zurückzuführen ist) einzudämmen. Damit spart man viel Arbeitszeit, welche beim Fangen eines Schwarms anfällt, und kann diese Zeit anders verwenden. Auch kann man die neu gewonnenen Völker heranziehen und bestehende Schwache auflösen oder bei Krankheit beseitigen. Damit ist die Gesundheit der Völker stets hoch und nur starke Völker sind in der eigenen Imkerei vertreten.

Zusammenfassend kann also gesagt werden, dass das Wachstum im Bereich der Imkerei eine der großen Gaben ist, mit der die Imker arbeiten können und dies auch sollen! Sowohl im Bereich der Volkgesundheit und der erleichterten Arbeitsweise als auch im betriebswirtschaftlichen Bereich ist das Wachstum für den gesamten Betrieb nützlich.

DER MENSCH

Als Risikofaktor sollte hier auch der Mensch selbst erwähnt sein. Damit ist in diesem Fall aber nicht der Imker gemeint, sondern das gesamte Umfeld, in dem die Bienen leben. Menschen verbauen immer mehr Flächen, die vorher den Bienen als Trachtplatz zur Verfügung gestanden sind. Aber nicht nur dabei hindert der Mensch die Bienen am Leben. Der Einsatz von Pestiziden und die damit einhergehende intensive Landwirtschaft ist äußert problematisch für die Bienen. Viele Völker sind in den letzten Jahren durch diverse Schädlingsgifte verschwunden. Bei den intensiven Monokulturen auf riesigen Flächen finden Bienen nur mehr zu einem bestimmten Zeitraum Futter. Weder davor noch danach steht ihnen eine Möglichkeit zur Verfügung, für sich selbst zu sorgen.

Den Menschen wird das eigene Handeln in den letzten Jahren wieder bewusster und diverse Aktionen versuchen, auf die Förderung von verschiedensten Maßnahmen zur Verbesserung der Lebensumstände für Bienen aufmerksam zu machen. Diese Entwicklung wird zwar noch viele Jahre in Anspruch nehmen, allerdings ist die Richtung, in die der aktuelle Weg geht, deutlich positiver als in den vergangenen Jahren und Jahrzehnten.

Aber auch die Imker können zu diesem Umdenken beitragen. So können sie das Wissen über die Bedürfnisse der Bienen an alle Kunden weitergeben. Die Schulen und ihre Schüler in der Umgebung würden sich auch über die Möglichkeit freuen, wenn sie Bienen aus nächster Nähe einmal bestaunen könnten. Gerade in diesen jungen Jahren ist es wichtig, Bewusstsein für die kleinen Lebewesen zu schaffen. Und wenn es dann noch für alle ein Honigbrot gibt, sind sowohl die Schüler als auch die Lehrer glücklich.

Diese Form der Aufklärung (für große und kleine Honigliebhaber) ist aus mehreren Perspektiven interessant. Zum einen weil die Gärten in der Umgebung plötzlich bienenfreundlich ausgestattet werden, zum anderen weil die Kommunikation mit den Menschen auch eine perfekte Ergänzung zum Marketing sind. Mit der Erklärung, was man macht und wie alle mithelfen können, in Verbindung mit einer kleinen Kostprobe, gewinnt man sehr schnell neue Kunden, welche dadurch, dass sie wissen, sie helfen mit, auch Stammkunden werden. Diese Kunden sind dann auch häufig bereit, etwas mehr zu zahlen, und honorieren so die Regionalität. Eine Win-Win-Situation für den Imker und den Konsumenten entsteht also.

Das Wissen über die Bedürfnisse der Bienen soll an möglichst viele Menschen weitergegeben werden.

Aus unserem Programm

ISBN 978-3-7020-1123-9

Leopold Stocker Verlag
Graz – Stuttgart
www.stocker-verlag.com

Aus unserem Programm

ISBN 978-3-7020-1589-3

ISBN 978-3-7020-1431-5

ISBN 978-3-7020-1285-4

Leopold Stocker Verlag

Graz – Stuttgart

www.stocker-verlag.com

Aus unserem Programm

ISBN 978-3-7020-1349-3

ISBN 978-3-7020-1301-1

Leopold Stocker Verlag

Graz – Stuttgart

www.stocker-verlag.com